대학기초수학

박금주 · 양기열 · 정권수 · 최종욱 · 최춘태 지음

KM 경문사

●●● 머리말

최근에 이공계 대학에 입학하는 학생들 중에는 중고등학교에서 문과 과정만을 이수하였거나 다른 여러 원인 등으로 수학 학력이 많이 저하된 학생들이 많다. 이런 학생들은 이공계 대학에서 필요한 수학 강의를 수강하기가 어렵고 전공을 공부하는데 지장을 받고 있다.

이 책은 수학 과목의 기초가 튼튼하지 못한 학생들에게 수학에 대한 자신감을 심어주고, 이공계 대학에서 배우는 물리수학(또는 공학수학) 및 전공과목을 수강하는데 실질적으로 도움을 주기 위해 집필되었다.

이 책의 특징은 다음과 같다.

- 방정식과 부등식에서 미분과 적분에 이르기까지 넓은 영역에 대해 기본적이거나 응용성이 많은 내용을 다루었다.
- 엄격한 증명은 최소로 하고, 문제를 실제로 풀어보도록 하여 수학에 대한 친근감을 높이고 문제 해결 능력을 키우도록 하였다.
- 각 장의 절에 예제와 연습문제를 두었다.
- 책 끝에 연습문제의 상세한 풀이를 첨부하였다.

이 책을 공부하는 방법은 먼저 본문 내용과 예제를 철저히 공부하고, 다음에 풀이를 보지 않고 연습문제를 직접 풀어보는 습관을 들이는 것이다. 이렇게 한다면 수학에 대한 자신감과 능력이 향상될 것으로 기대해도 좋을 것이다.

끝으로 이 책이 나오기까지 많은 도움을 주신 경문사 박문규 사장님과 편집부에 감사드린다.

저자 일동

차 례

CHAPTER 1 방정식과 부등식

CHAPTER 2 함 수

CHAPTER 3 미분법

CHAPTER 4 적분법

CHAPTER 5 행렬과 벡터

CHAPTER_ 01

방정식과 부등식

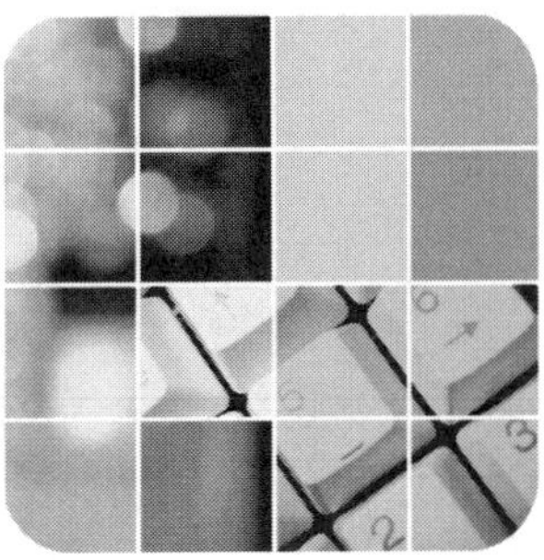

Ⅰ 함수와 그래프

Ⅱ 방정식의 풀이

Ⅲ 부등식

●●● 건축물을 짓거나 자연현상에서 일어나는 여러 가지 복잡한 물리적 또는 공학적 문제들은 수학적 방정식이나 부등식으로 표현될 수 있고, 이를 풀어서 문제를 해결할 수 있다. 이 장에서는 여러 가지 방정식과 부등식의 의미를 알고, 이를 풀 수 있는 능력을 기르고 응용할 수 있도록 하는데 목적이 있다.

Ⅰ 함수와 그래프

1. 일차 함수와 그래프

일차함수 $y=x+2$에 대하여 각 x에 대한 y값을 표로 만들면 다음과 같다.

x값	–5	–4	–3	–2	–1	0	1	2	3	4
y값	–3	–2	–1	0	1	2	3	4	5	6

이 표를 이용하여 x-y 그래프에 나타내면 아래 그림과 같다.

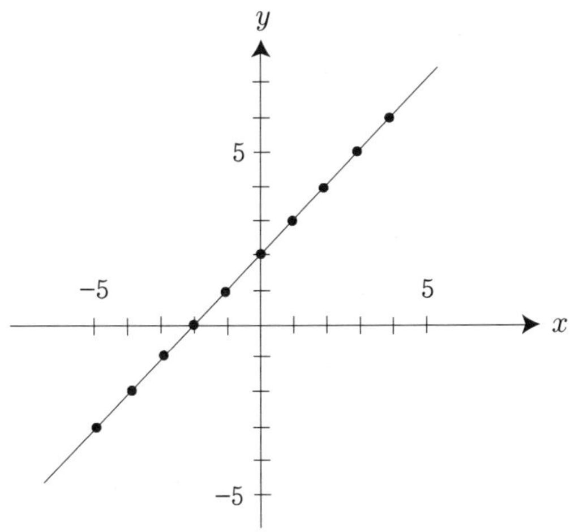

따라서 일차함수 $y=x+2$는 x-y 그래프에서 직선이 됨을 알 수 있다.

…› 연습문제

1–1 일차함수 $y=2x+1$에 대해 –5와 5 사이의 x값(간격 1)에 대해 y값을 계산하여 표로 만들고 그래프에 나타내어라.

2. 이차 함수와 그래프

이차함수 $y=\frac{1}{2}x^2-3$에 대하여 각 x에 대한 y값을 표로 만들면 다음과 같다.

x값	−4	−3	−2	−1	0	1	2	3	4
y값	5	1.5	−1	−2.5	−3	−2.5	−1	1.5	5

이 표를 이용하여 x-y 그래프에 나타내면 아래 그림과 같다.

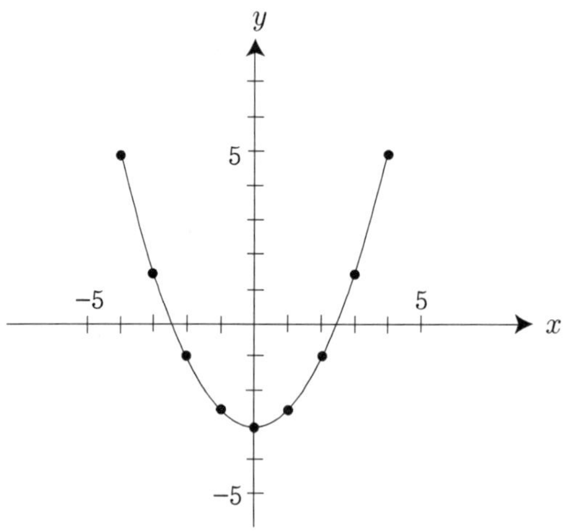

이런 모양의 이차함수의 그래프를 포물선이라 한다.

연습문제

1-2 이차함수 $y=\frac{1}{4}x^2-x+1$에 대해 −5와 5 사이의 x값(간격 1)에 대해 y값을 계산하여 표로 만들고, 그래프에 나타내어라.

3. 고차 함수와 그래프

삼차함수 $y=\frac{1}{10}x^3-x+1$에 대하여 각 x에 대한 y값을 표로 만들면 다음과 같다.

x값	−5	−4	−3	−2	−1	0	1	2	3	4	5
y값	−6.5	−1.4	1.3	2.2	1.9	1	0.1	−0.2	0.7	3.4	8.5

위의 표를 이용하여 x-y그래프에 나타내면 다음 그림과 같다.

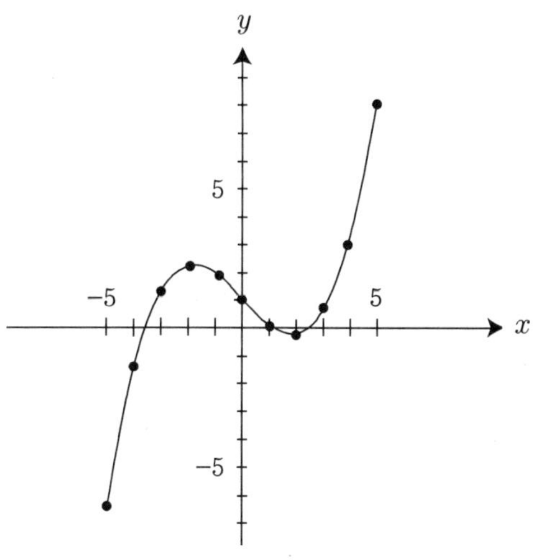

…› 연습문제

1-3 삼차함수 $y=-\frac{1}{10}x^3-x-1$에 대해 −5와 5 사이의 x값(간격 1)에 대해 y값을 계산하여 표로 만들고, 그래프에 나타내어라.

4. 원의 방정식과 그래프

방정식 $x^2+y^2=r^2$(r은 상수) 을 원의 방정식이라 한다. 이 식은 두 개의 함수

$$y=\pm\sqrt{r^2-x^2}$$

로 나타낼 수 있다. $r=5$에 x값에 대한 y값의 표는 다음과 같다.

x값	–5	–4	–3	–2	–1	0	1	2	3	4	5
y값	0	±3	±4	±4.58	±4.90	±5	±4.90	±4.58	±4	±3	0

위의 표를 이용하여 x-y그래프에 나타내면 다음 그림과 같다.

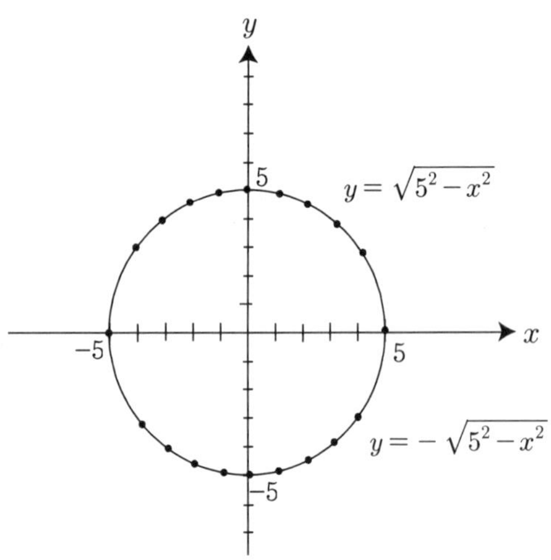

⋯› 연습문제

1–4 원의 방정식 $x^2+y^2=5^2$에서 x값을 0.5 간격으로 하여 y값을 계산하여 표로 만들고, 그래프에 나타내어라.

II 방정식의 풀이

1. 일차 방정식

$ax=b$(a와 b는 상수)와 같은 x에 대한 일차 방정식의 해는

(i) $a \neq 0$일 때 양변을 a로 나누면

$$x=\frac{b}{a}$$

(ii) $a=0$일 때는 $b \neq 0$인 경우와 $b=0$인 경우로 나누어 생각한다.

$a=0,\ b \neq 0$인 경우 : 예를 들면 방정식 $0 \cdot x=3$은 어떤 x값에 대해서도 만족할 수 없으므로, 이 경우에는 불능이라 한다.

$a=0,\ b=0$인 경우 : 예를 들면 방정식 $0 \cdot x=0$은 모든 x값, 즉 1, 3, 200 등 모든 값에 대해서도 만족하므로, 이 경우에는 부정이라 한다.

예제 다음 방정식을 풀어라.

① $a(x-1)=x+2$ ② $ax-a^2=bx-b^2$

③ $(a^2+6)x+2=a(5x+1)$

풀이 ① $a(x-1)=x+2$를 $Ax=B$의 형태로 정리하면 $(a-1)x=a+2$가 된다. 그러므로

$a \neq 1$이면 $x=\dfrac{a+2}{a-1}$

$a=1$이면 $0 \cdot x=3$이 되어 x는 불능

② 정리하면 $(a-b)x=(a+b)(a-b)$이므로

$a \neq b$이면 $x=a+b$

$a=b$이면 $0 \cdot x=0$ 이 되어 x는 부정

③ 정리하면 $(a^2-5a+6)x=(a-2)(a-3)x=a-2$이므로

$a \neq 2,\ a \neq 3$이면 $x=\dfrac{1}{a-3}$

$a=2$이면 $0 \cdot x=0$이 되어 x는 부정

$a=3$이면 $0 \cdot x=1$이 되어 x는 불능

…› 연습문제

2-1 방정식 $a^2x+1=a(x+1)$의 실수 해가 존재하지 않는다. 이때 a값을 구하라.

예제 다음 방정식을 풀어라.

① $|x-1|=2x+4$ ② $|x+2|+|x-3|=7$ ③ $|x-1|=|3-x|$

풀이 ① 절대값 기호를 없앨 때, x값에 따라서 다음과 같이 나누어 생각한다.

$x \geqq 1$이면 원 식은 $x-1=2x+4$가 되므로

$x=-5$이고, 이것은 조건 $x \geqq 1$에 모순이다.

$x<1$이면 원 식은 $-x+1=2x+4$가 되므로

$x=-1$이고, 이것은 조건 $x<1$에 타당하다.

② x값에 따라서 다음과 같이 세 경우로 나누어 생각한다.

$x<-2$이면 원 식은 $-x-2-x+3=7$가 되므로

$x=-3$ (조건 $x<-2$에 타당)

$-2 \leqq x<3$이면 원 식은 $x+2-x+3=7$가 되므로

$0 \cdot x = 2$로 불능(해가 없다)

$x \geqq 3$이면 원 식은 $x+2+x-3=7$가 되므로

$x = 4$ (조건 $x \geqq 3$에 타당)

③ x값에 따라서 다음과 같이 세 경우로 나누어 생각한다.

$x < 1$이면 원 식은 $-x+1=3-x$가 되므로

$0 \cdot x = 2$로 불능(해가 없다)

$1 \leqq x < 3$ 이면 원 식은 $x-1=3-x$가 되므로

$x = 2$ (조건 $1 \leqq x < 3$에 타당)

$x \geqq 3$이면 원 식은 $x-1=-3+x$가 되므로

$0 \cdot x = -2$로 불능(해가 없다)

…› 연습문제

2-2 다음 방정식을 풀어라.

① $|x-2|=3$　　② $|x-4|+|x-3|=2$　　③ $|x-3|-|4-x|=0$

2. 기초적인 공식들

(1) 실수 연산의 기본법칙

실수 전체의 집합은 덧셈, 곱셈에 관하여 교환법칙, 결합법칙, 분배법칙이 성립한다.

- 교환법칙 : $a+b=b+a$
- 결합법칙 : $(a+b)+c=a+(b+c)$
- 분배법칙 : $a \times (b+c) = a \times b + a \times c$

(2) 곱셈공식

교환법칙, 결합법칙 및 분배법칙을 사용하면 다음의 곱셈공식을 얻을 수 있다.

$$(a+b)^2 = a^2 + 2ab + b^2$$
$$(a+b)(a-b) = a^2 - b^2$$
$$(x+a)(x+b) = x^2 + (a+b)x + ab$$
$$(ax+b)(cx+d) = acx^2 + (ad+bc)x + bd$$
$$(a+b+c)^2 = a^2 + b^2 + c^2 + 2ab + 2bc + 2ca$$
$$(a+b)^3 = a^3 + 3a^2b + 3ab^2 + b^3$$
$$(a+b)(a^2 - ab + b^2) = a^3 + b^3$$
$$(a-b)(a^2 + ab + b^2) = a^3 - b^3$$

(3) 인수분해

예를 들어 $(x-3)(x-5)$를 전개하면

$$(x-3)(x-5) = x^2 - 8x + 15$$

가 된다. 이것을 역으로 생각하면

$$x^2 - 8x + 15 = (x-3)(x-5)$$

가 된다. 이와 같이 하나의 다항식을 두 개 이상의 다항식의 곱의 형태로 표현하는 것을 인수분해한다고 하며,

$x-3$과 $x-5$를 $x^2 - 8x + 15$

의 인수라 한다.

인수분해에서 자주 사용되는 공식은 다음과 같다.

$$ma + mb - mc = m(a+b-c)$$
$$a^2 + 2ab + c^2 = (a+b)^2$$
$$a^2 - b^2 = (a+b)(a-b)$$
$$x^2 + (a+b)x + ab = (x+a)(x+b)$$

$$acx^2 + (ad + bc)x + bd = (ax + b)(cx + d)$$
$$a^3 + b^3 = (a + b)(a^2 - ab + b^2)$$
$$a^3 - b^3 = (a - b)(a^2 + ab + b^2)$$

(4) 다항식의 최대공약수와 최소공배수

세 개의 다항식 A, B, C 사이에

$$A = BC \quad (\text{단, } B \neq 0)$$

가 성립할 때, A를 B의 배수, B를 A의 약수라 한다.

예를 들면

$$x^3 - 1 = (x - 1)(x^2 + x + 1)$$

에서 $x^3 - 1$는 $x - 1$의 배수이고, $x - 1$는 $x^3 - 1$의 약수이다.

두 개 이상의 다항식의 공통약수를 공약수라 하며, 공약수 중에서 차수가 가장 높은 것을 최대공약수라 한다. 예를 들면, 두 다항식 $x^2(x+3)$과 $2x(x+3)^2$에서 공약수는x, $x+3$ 및 $x(x+3)$이고, 공약수 중에서 최대공약수는 $x(x+3)$이다.

두 개 이상의 다항식의 공통배수를 공배수라 하며, 공배수 중에서 차수가 가장 낮은 것을 최소공배수라 한다. 예를 들면, 두 다항식 $x^2(x+3)$과 $2x(x+3)^2$에서 공배수는 $2x^2(x+3)^2$, $2x^3(x+3)^2$, $2x^2(x+3)^3$, $2x^4(x+3)^2$, $\cdots$ 등이고, 최소공배수는 $2x^2(x+3)^2$이다.

3. 이차 방정식

2차 방정식 $ax^2 + bx + c = 0$ ($a \neq 0$이고, a, b, c는 상수)의 해를 구하기 위해서는 인수분해에 의한 방법과 근의 공식에 의한 방법이 있다.

(1) 인수분해에 의한 방법

예를 들어 $x^2 + 5x + 4 = 0$의 해를 구해보자.

$x^2+5x+4=0$의 좌변을 인수분해하면 $(x+1)(x+4)=0$이므로

$$x+1=0 \text{ 또는 } x+4=0$$

을 이용하면

$$x=-1 \text{ 또는 } x=-4$$

를 얻는다.

일반적으로 2차 방정식이

$$(ax+b)(cx+d)=0 \text{ (단, } a\neq 0, c\neq 0)$$

와 같이 인수분해될 때 이 방정식의 두 근은

$$x=-\frac{b}{a} \text{ 또는 } x=-\frac{d}{c}$$

이다.

예제 다음 2차 방정식을 풀어라.

① $x^2-5x+6=0$ ② $3x^2-7x+2=0$

풀이 ① 인수분해하면 $(x-2)(x-3)=0$이므로 $x=2$ 또는 $x=3$

② 인수분해하면 $(3x-1)(x-2)=0$이므로 $x=\frac{1}{3}$ 또는 $x=2$

···› 연습문제

2-3 다음 2차 방정식을 풀어라.

① $x^2+2=0$ ② $9x^2+4=0$

(2) 근의 공식에 의한 방법

예를 들어

$$3x^2-4x-2=0$$

을 생각하자. 원 식을

$$(x+A)^2=B$$

의 형태로 만든 후

$$x+A=\pm\sqrt{B}$$

와 같이 풀 수 있다.

즉, $3x^2-4x-2=0$ 에서 양변을 3으로 나누면

$$x^2-\frac{4}{3}x-\frac{2}{3}=0$$

가 되고, 양변에 x 계수의 절반인 $\frac{2}{3}$의 제곱을 더해주면

$$x^2-\frac{4}{3}x+\left(\frac{2}{3}\right)^2-\frac{2}{3}=0+\left(\frac{2}{3}\right)^2$$

가 된다. 위의 식은

$$\left(x-\frac{2}{3}\right)^2=\frac{4}{9}+\frac{2}{3}=\frac{10}{9}$$

로 쓸 수 있으므로

$$x-\frac{2}{3}=\pm\frac{\sqrt{10}}{3}$$

이고

$$x=\frac{2+\sqrt{10}}{3} \quad 또는 \quad x=\frac{2-\sqrt{10}}{3}$$

을 얻는다.

일반적으로 2차 방정식

$$ax^2+bx+c=0 \ \ (a \neq 0, a, b, c\text{는 상수})$$

의 해(근)는 위의 과정과 유사한 방법으로 다음과 같이 유도할 수 있다. 먼저 양변을 a로 나누면

$$x^2+\frac{b}{a}x+\frac{c}{a}=0$$

양변에 $\left(\frac{b}{2a}\right)^2$을 더하면

$$x^2+\frac{b}{a}x+\frac{b^2}{4a^2}+\frac{c}{a}=0+\frac{b^2}{4a^2}$$

좌변의 마지막 항을 우변으로 옮기고 다시 쓰면

$$\left(x+\frac{b}{2a}\right)^2=\frac{b^2-4ac}{4a^2}$$

이 되므로

$$x+\frac{b}{2a}=\pm\frac{\sqrt{b^2-4ac}}{2a}$$

이고, 마지막으로 정리하면 근의 공식

$$x=\frac{-b\pm\sqrt{b^2-4ac}}{2a}$$

을 얻는다. 근의 공식은 2차 방정식이 인수분해되지 않거나 인수분해하기가 어려울 때 사용한다.

예제 근의 공식을 써서 다음 이차방정식 $5x^2+3x-2=0$의 근을 구하라.

풀이 $x=\dfrac{-3\pm\sqrt{3^2-4\cdot5\cdot(-2)}}{2\cdot5}=\dfrac{-3\pm7}{10}$

그러므로

$x=\dfrac{2}{5}$ 또는 $x=-1$

연습문제

2-4 근의 공식을 써서 다음 이차방정식의 근을 구하라.

① $2x^2-3x+2=0$ ② $3x^2+8x-3=0$ ③ $3x^2-16x+22=0$

2-5 x에 관한 다음의 2차 방정식을 풀어라.

① $x^2+2(a-b)x-4ab=0$ ② $x^2+3|x-1|-7=0$

4. 고차방정식

삼차 이상의 방정식을 고차방정식이라 한다. 일반적으로 고차방정식은 풀기가 어렵기 때문에 여기서는 인수분해나 특수하게 변형하여 해결이 가능한 간단한 문제만 다룬다.

고차방정식을 풀 때는 고차방정식을 $f(x)=0$의 형태로 놓고, $f(x)$를 인수분해하여

$$A\cdot B\cdot C=0$$

이면

$$A=0 \text{ 또는 } B=0 \text{ 또는 } C=0$$

로부터 해를 구할 수 있다.

예제 다음 방정식을 풀어라.

① $x^3 = 1$ ② $x^4 = 16$

풀이 ① 원 식을 변형하여 인수분해하면

$$x^3 - 1 = (x-1)(x^2+x+1) = 0$$

가 된다. 이것으로부터

$$x - 1 = 0 \text{ 또는 } x^2 + x + 1 = 0$$

을 얻는다. 그러므로 구하는 근은

$$x = 1 \text{ 또는 } x = \frac{-1 \pm \sqrt{1-4}}{2} = \frac{-1 \pm \sqrt{3}i}{2}$$

② 변형하면

$$x^4 - 16 = (x^2+4)(x^2-4) = (x^2+4)(x+2)(x-2) = 0$$

이고, 이것으로부터

$$x^2 + 4 = 0 \text{ 또는 } x + 2 = 0 \text{ 또는 } x - 2 = 0$$

을 얻는다. 그러므로 근은

$$x = \pm 2 \text{ 또는 } x = \pm 2i$$

연습문제

2-6 다음 방정식을 풀어라.

① $x^3 = 27$ ② $x^4 = 81$

예제 다음 방정식을 풀어라.

① $x^4-3x^2+2=0$　　② $x^4+2x^2+9=0$

③ $x^4-x^3-7x^2+x+6=0$

풀이 ① 이런 형태는 $X=x^2$을 치환하면 2차 방정식의 형태, 즉

$$X^2-3X+2=0$$

을 얻는다. 따라서 $(X-1)(X-2)=0$로부터

$$X=1=x^2 \text{ 또는 } X=2=x^2$$

를 얻는다. 위의 결과로부터

$$x=\pm 1 \text{ 또는 } x=\pm\sqrt{2}$$

② 원 식에 $4x^2$을 더하고 뺀 후 인수분해하면

$$x^4+2x^2+4x^2+9-4x^2=x^4+6x^2+9-4x^2=0$$

$$(x^2+3)^2-(2x)^2=(x^2+2x+3)(x^2-2x+3)=0$$

그러므로

$$x^2+2x+3=0 \text{ 또는 } x^2-2x+3=0$$

을 얻는다. 이제 위의 두 2차 방정식을 근의 공식으로 풀면

$$x=-1\pm\sqrt{2}\,i \text{ 또는 } x=1\pm\sqrt{2}\,i$$

③ 방정식 $x^4-x^3-7x^2+x+6=0$에 $x=\pm 1$을 대입해보면, 이 방정식이 성립하는 것을 알 수 있다. 위 식의 좌변을 $(x+1)(x-1)$로 나누면 몫은 x^2-x-6가 된다. 따라서 원 식은

$$(x+1)(x-1)(x-3)(x+2)=0$$

로 쓸 수 있고, 근은

$$x=-1,1,3 \text{ 또는 } -2$$

이다.

…> 연습문제

2-7 다음 방정식을 풀어라.

① $x^4 - 3x^2 - 4 = 0$　　　② $(x^2 + 3x - 3)(x^2 + 3x + 4) = 8$

예제 방정식 $x^3 + x^2 + px + q = 0$에 대해 다음에 답하라.

① 이 방정식의 한 근이 $1 - \sqrt{2}$일 때, 유리수 p, q의 값과 나머지 두 근을 구하라.

② 이 방정식의 한 근이 $1 - i$일 때, 실수 p, q의 값과 나머지 두 근을 구하라.

풀이 ① $1 - \sqrt{2}$이 원 식의 근이므로

$$(1 - \sqrt{2})^3 + (1 - \sqrt{2})^2 + p(1 - \sqrt{2}) + q = 0$$

가 성립해야 한다. 위 식을 정리하면

$$(p + q + 10) + (-p - 7)\sqrt{2} = 0$$

이다. p, q는 유리수이므로

$$p + q + 10 = 0, \quad p + 7 = 0$$

을 만족해야 한다. 그러므로

$$p = -7, \quad q = -3$$

이 된다. p, q의 값을 원 식에 대입하면

$$x^3 + x^2 - 7x - 3 = 0$$

이고, 인수분해하면

$$(x + 3)(x^2 - 2x - 1) = 0$$

를 얻는다. 그러므로

$$x = -3, \quad x = 1 \pm \sqrt{2}$$

② $1-i$이 원 식의 근이므로

$$(1-i)^3+(1-i)^2+p(1-i)+q=0$$

가 성립해야 한다. 위 식을 정리하면

$$(p+q-2)+(-p-4)i=0$$

이다. p, q는 실수이므로

$$p+q-2=0,\ p+4=0$$

을 만족해야 한다. 그러므로

$$p=-4,\ q=6$$

이 된다. p, q의 값을 원 식에 대입하면

$$x^3+x^2-4x+6=0$$

이고, 인수분해하면

$$(x+3)(x^2-2x+2)=0$$

를 얻는다. 그러므로

$$x=-3,\ x=1\pm i$$

···› 연습문제

2-8 x의 2차 방정식 $x^2+px+q=0$의 한 근이 $2+\sqrt{3}$일 때, 유리수 p와 q의 값을 구하라.

2-9 x의 삼차방정식 $3x^3+px^2+qx+12=0$의 한 근이 $1+\sqrt{3}$일 때, 유리수 p와 q의 값을 구하라.

2-10 x의 2차 방정식 $x^2+ax+b=0$의 한 근이 $2+3i$일 때, 실수 a와 b의 값을 구하라.

5. 분수 방정식

(1) 방정식

$$2x-\frac{3}{x+5}=4,\quad 2x^2+\frac{x}{3}=3,\quad 5x^3+1=0$$

과 같이 유리식만으로 되어 있는 방정식을 유리방정식이라 한다.

특히, $2x-\dfrac{3}{x+5}=4$와 같이 분모에 미지수가 있는 분수식을 포함하는 유리방정식을 분수 방정식이라 한다.

(2) 분수 방정식의 풀이

분수 방정식을 푸는 경우에는, 보통 분모의 최소공배수를 양변에 곱하여 다항식으로 고친 후 푼다. 물론 분수식의 분모가 0이 아니어야 한다.

(3) 분수 방정식을 푸는 과정

- 분수 방정식의 분모의 최소공배수를 양변에 곱하여 다항식을 만든다.
- 위에서 얻은 방정식을 푼다.
- 위에서 구한 근 중에서 분수 방정식의 분모를 0이 되게 하는 무연근을 제외시킨다.

예제 분수식 $\dfrac{x-2}{x^2+5x+4}-\dfrac{x-4}{x^2+4x}=\dfrac{1}{x+1}$의 해를 구하라.

풀이 위의 식을 풀기 위해서는 먼저 분모의 최소공배수 $x(x+1)(x+4)$를 양변에 곱하고 정리하면

$$x^2+3x-4=0$$

가 된다. 인수분해하면 $(x+4)(x-1)=0$이므로 해는

$$x=-4 \text{ 또는 } x=1$$

이다. 그러나 $x=-4$는 주어진 식의 분모를 0이 되게 하므로

무연근이다. 따라서 해는

$$x = 1$$

이다.

···› 연습문제

2–11 다음을 구하여라.

① $1 + \dfrac{1}{x-2} = \dfrac{3-x}{(x-1)(x-2)}$ ② $\dfrac{1}{x-1} - \dfrac{2}{x^2-1} = \dfrac{1}{3}$

분수 방정식에는 무연근이 없는 경우도 있다.

예제 분수식 $\dfrac{7x}{3-2x} = \dfrac{6}{x+1} + 4$을 풀어라.

풀이 양변에 최소공배수 $(3-2x)(x+1)$를 곱하고 정리하면

$$x^2 + x - 2 = 0$$

를 얻는다. 인수분해하면 $(x+2)(x-1) = 0$이므로 해는

$$x = -2 \text{ 또는 } x = 1$$

이다. 위의 해는 모두 분모를 0이 되게 하지 않으므로 모두 해가 된다.

···› 연습문제

2–12 다음을 구하여라.

① $\dfrac{1}{x-2} - \dfrac{1}{x} = \dfrac{1}{2}$ ② $\dfrac{3}{x^2-x+1} = 2\left(\dfrac{1}{x-1} - \dfrac{1}{x}\right)$

복잡한 방정식을 풀 때는 치환하면 편리하다.

예제 다음 분수 방정식 $\frac{x^2+x}{x-2}+\frac{2x-4}{x^2+x}+3=0$을 풀어라.

풀이 $X=\frac{x^2+x}{x-2}$로 치환하면 주어진 식은

$$X+\frac{2}{X}+3=0$$

과 같이 간단한 형태가 된다. 양변에 X를 곱하고 정리하면

$$X^2+3X+2=0$$

이므로

$$X=-1 \text{ 또는 } X=-2$$

를 얻는다. 이것은 분모를 0으로 만들지 않으므로 모두 해가 된다.

이제 $\frac{x^2+x}{x-2}=X$로부터 $X=-1$에 대하여 풀면

$$x^2+2x-2=0$$

이므로

$$x=-1\pm\sqrt{3}$$

을 얻는다. $X=-2$의 경우에는

$$x=1 \text{ 또는 } x=-4$$

가 된다. 이상을 종합하면

$$x=1 \text{ 또는 } x=-4 \text{ 또는 } x=-1\pm\sqrt{3}$$

가 된다.

⋯› 연습문제

2-13 다음 분수 방정식을 풀어라.

① $\frac{8}{x^2-1}+\frac{x^2-1}{8}=2$ ② $x^2-3x-\frac{4}{x^2-3x}+3=0$

6. 분수 방정식의 응용

분수 방정식을 응용하여 실제 일어날 수 있는 문제를 풀어보자.

예제 철수는 순천에서 30km 떨어진 구례까지 일정한 속도로 걷기로 하였다. 그러나 10km까지는 원래 예정속도보다 1km/hr 더 빠르게 걷다가, 10km 지점부터 원래 예정속도보다 0.4km/hr만큼 느리게 걸었더니, 예정보다 $\frac{10}{3}$분 늦게 도착하였다. 원래 예정속도를 구하라.

풀이 원래 예정속도를 x km/hr라 하면, 30km를 걷는데 걸릴 시간은 $\frac{30}{x}$가 된다. 그러나 실제 걸린 시간은 처음 10km까지는 $\frac{10}{x+1}$이고, 나머지 구간에 걸린 시간은 $\frac{20}{x-0.4}$가 된다.
(실제 걸린 시간) = (원래 예정시간) + (예정보다 더 늦은 시간)
이므로

$$\frac{10}{x+1}+\frac{20}{x-0.4}=\frac{30}{x}+\frac{10}{3}\frac{1}{60}$$

로 표현할 수 있다. 양변에 분모의 최소공배수
$18x(x+1)(x-0.4)$를 곱하여 정리한 후에 인수분해하면

$$(x-4)(5x^2+23x+270)=0$$

가 된다. 따라서 구하는 속도 원래 예정속도는

4km/hr

가 된다.

···› 연습문제

2-14 배가 강물의 속력이 3km/hr인 강에서 강을 따라 6km 떨어진 두 지점을 왕복하는데 1시간 30분이 걸렸다. 만일 이 배로 강물의 속력이 1km/hr일 때 두 지점을 왕복하는데 걸리는 시간을 구하라.

2-15 A와 B는 하루에 각각 x대, y대의 기계를 조립한다. 60대의 기계를 조립하는데 A는 B보다 10일이 더 걸리고, A가 하루에 한 대씩 더 조립하면 A는 B보다 5일 더 걸린다고 한다. x와 y를 구하라.

7. 무리 방정식

방정식

$$x-2=\sqrt{x}\,,\quad \sqrt{2x+1}-\sqrt{x-1}=x^2$$

과 같이 미지수에 관한 무리식을 포함하고 있는 방정식을 무리방정식이라고 한다.

···> 연습문제

2-16 다음 중 무리방정식을 찾아라.

① $\sqrt{2x+1}-\sqrt{x-3}=4$ ② $\sqrt{3}\,x^2+x=1$

③ $\sqrt{1-2x^2}=x-1$ ④ $\sqrt{x}-\sqrt{3-x}=1$

(1) 무리방정식의 풀이

무리방정식을 풀 때는 다음 과정에 따른다.

- 무리방정식의 항을 적절히 이동하고 양변을 제곱하여 다항식의 방정식을 만든다.
- 다항식의 방정식을 푼다.
- 위에서 구한 근 중에서 무연근을 제외시킨다.

무리방정식

$$x-2=\sqrt{x}$$

의 풀이를 생각하자.

위 식의 양변을 제곱한 후 정리하면

$$x^2-5x+4=0$$

가 된다. 이 방정식을 풀면

$$x=1 \text{ 또는 } x=4$$

를 얻는다.

이제 원래의 방정식에 위의 두 값을 대입하여 무연근을 제외해야한다. $x=1$일 때, (좌변) $=1-2=-1$, (우변) $=\sqrt{1}=1$이고 따라서 (좌변) $\neq$ (우변)이므로 $x=1$은 근이 아니다. 즉, 무연근이다.

$x=4$일 때, (좌변) $=4-2=2$, 우변 $=\sqrt{4}=2$이고 따라서 (좌변) = (우변)이므로 $x=4$는 원래 방정식의 근이다.

이제 무연근이 나오는 이유를 생각해 보자.

$x=1$일 때, (좌변) $=1-2=-1$, (우변) $=\sqrt{1}=1$이므로 (좌변) $\neq$ (우변)이다. 그렇지만 우변과 좌변의 절대값은 같다. 따라서 원래 식의 양변을 제곱하면

$$(\text{좌변})^2=(\text{우변})^2$$

가 되므로 무연근이 나오게 된다.

연습문제

2-17 다음의 무리방정식을 풀어라.

① $\sqrt{x-3}=x-5$　　　② $\sqrt{x+3}=3-x$

예제 무리방정식 $x - \sqrt{x-1} = 3$을 풀어라.

풀이 먼저 다음과 같이 이항한다.

$$x - 3 = \sqrt{x-1}$$

양변을 제곱하면

$$x^2 - 6x + 9 = x - 1$$

가 되고 정리하면

$$x^2 - 7x + 10 = (x-2)(x-5) = 0$$

그러므로

$$x = 2 \text{ 또는 } x = 5$$

가 된다. $x = 2$를 원래의 무리식에 대입하면 좌변과 우변이 같지 않으므로 무연근이고, $x = 5$는 원래의 방정식을 만족하므로 구하는 근은 $x = 5$이다.

···› 연습문제

2-18 다음의 무리방정식을 풀어라.

① $x - \sqrt{5x+10} = 8$ ② $\sqrt{5-x^2} - x = 1$

예제 무리방정식 $\sqrt{x+5} - \sqrt{2x+3} = 1$을 풀어라.

풀이 먼저 $\sqrt{2x+3}$를 우변으로 이항한다.

$$\sqrt{x+5} = \sqrt{2x+3} + 1$$

양변을 제곱하여 정리한 후 정리하면

$$1 - x = 2\sqrt{2x+3}$$

가 된다. 이것을 다시 제곱한 후 정리하면

$$x^2-10x-11=(x+1)(x-11)=0$$

이므로

$$x=-1 \text{ 또는 } x=11$$

를 얻는다. 원래의 식에 대입하면 $x=11$은 무연근이고 구하는 근은

$$x=-1$$

임을 알 수 있다.

···› 연습문제

2–19 다음의 무리방정식을 풀어라.

① $\sqrt{x-1}+\sqrt{2x-3}=1$ ② $\sqrt{5x+1}-\sqrt{x}=2$

예제› 무리방정식 $x^2+2x+\sqrt{x^2+2x-2}=4$을 풀어라.

풀이› 문제를 간단히 하기 위해 먼저 $\sqrt{x^2+2x-2}=X$로 놓으면 $X \geqq 0$이고, 원래 방정식은

$$X^2+2+X=4$$

가 된다. 이것을 정리하면

$$X^2+X-2=(X+2)(X-1)=0$$

이므로

$$X=-2 \text{ 또는 } X=1$$

을 얻을 수 있다.

그러나 $X \geqq 0$이므로 근은 $X=1$이다.

따라서

$$\sqrt{x^2+2x-2}=1$$

의 양변을 제곱한 후 정리하면

$$x^2+2x-3=(x+3)(x-1)=0$$

이므로

$$x=-3 \text{ 또는 } x=1$$

을 얻는다. 이들 두 값은 모두 원래 방정식을 만족하므로 구하는 근이다.

…▶ 연습문제

2-20 다음의 무리방정식을 풀어라.

$$x^2-x+3+\sqrt{x^2-x-5}=8$$

예제 무리방정식 $\sqrt{x}=x+a$가 다음 조건을 만족하도록 실수 a의 값 또는 그 값의 범위를 정하라.

① 서로 다른 실근을 갖는다.

② 한 실근을 갖는다.

③ 실근을 갖지 않는다.

풀이 주어진 방정식

$$\sqrt{x}=x+a \quad \cdots\cdots \text{(a)}$$

의 근은 두 함수

$$y=\sqrt{x} \quad \cdots\cdots \text{(b)}$$

$$y=x+a \quad \cdots\cdots \text{(c)}$$

의 그래프가 만나는 교점의 x 좌표이다.

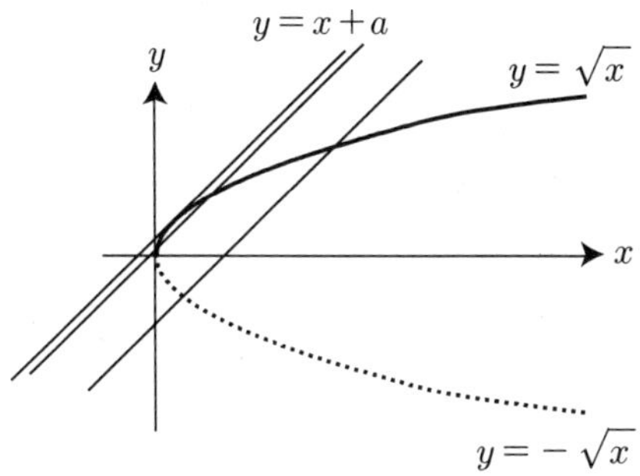

(i) (b)와 (c)가 접할 때

(a)의 양변을 제곱한 후 정리하면

$$x^2+(2a-1)x+a^2=0$$

가 된다. 이 식의 판별식 $D=0$ 일 때 접하므로

$$D=(2a-1)^2-4a^2=-4a+1=0$$

로부터

$$a=\frac{1}{4}$$

를 얻는다.

(ii) (c)가 $(0,0)$을 지날 때,

$$a=0$$

가 된다.

① 주어진 방정식이 서로 다른 두 실근을 가지려면 (b)와 (c)의 그래프가 서로 다른 두 점에서 만나면 된다. 그러므로 a의 값은 다음 범위를 갖는다.

$$0\leqq a<\frac{1}{4}$$

② 주어진 방정식이 하나의 실근을 가지려면 (b)와 (c)의 그래프가 한 점에서 만나면 된다. 그러므로 a의 값은 다음

범위를 갖는다.

$$a = \frac{1}{4} \quad \text{또는 } a < 0$$

③ 주어진 방정식이 실근을 갖지 않으려면 (b)와 (c)의 그래프가 만나지 않으면 된다. 그러므로 a의 값은 다음 범위를 갖는다.

$$a > \frac{1}{4}$$

···> 연습문제

2-21 무리방정식 $\sqrt{x+1} = x + a$가 다음 조건을 만족하도록 실수 a의 값 또는 그 값의 범위를 정하라.

① 서로 다른 실근을 갖는다. ② 한 실근을 갖는다.
③ 실근을 갖지 않는다.

2-22 다음 무리방정식 $\sqrt{x + 2\sqrt{x-1}} = 3$을 풀어라.

2-23 방정식 $\sqrt{x-3} = mx + 1$에 대하여 다음 물음에 답하라.

① 실근을 갖지 않을 실수 m의 범위를 구하라.
② 한 개의 실근을 가질 실수 m의 범위를 구하라.
③ 서로 다른 두 실근을 가질 실수 m의 범위를 구하라.

Ⅲ 부등식

1. 일차 부등식

예를 들면

$$x^2+5>0,\ 3x-2>x+2$$

와 같이 식이나 수의 대소 관계를 나타내는 식을 부등식이라 한다. 부등식에는 절대부등식과 조건부등식이 있다.

절대부등식은 $x^2+5>0$와 같이 모든 실수 x에 대해 성립하는 것을 말한다.

조건부등식은 $3x-2>x+2$과 같이 모든 실수 x에 대해 성립하지 않고, 어떤 범위의 x에 대해서만 부등식을 만족하는 것을 말하며, 부등식을 만족하는 x값을 그 부등식의 해라고 한다.

예를 들어, 부등식

$$3x-2>x+2$$

를 생각하자. 이 부등식을 만족하는 해는

$$x>2$$

임을 알 수 있다.

부등식을 풀 때 필요한 실수의 대소 관계를 정리하면 다음과 같다.

① $a>b \Rightarrow a-b>0$이고, $a<b$이면 $a-b<0$이다.

② $a>b$이고 $b>c \Rightarrow a>c$이다.

③ $a>b \Rightarrow a+c>b+c$ 이고, $a-c>b-c$이다.

④ $a>b$이고 $c>0 \Rightarrow ac>bc$이고, $\frac{a}{c}>\frac{b}{c}$이다.

⑤ $a>b$이고 $c<0 \Rightarrow ac<bc$이고, $\frac{a}{c}<\frac{b}{c}$이다. (부등호 방향이 반대로 바뀜)

⑥ a, b가 같은 부호이면 $ab > 0, \dfrac{b}{a} > 0, \dfrac{a}{b} > 0$이고,

a, b가 다른 부호이면 $ab < 0, \dfrac{b}{a} < 0, \dfrac{a}{b} < 0$이다.

(1) 1차부등식의 해법

부등식을 정리하여

$$ax > b \ (ax \geqq b) \text{ 또는 } ax < b \ (ax \leqq b)$$

의 형태가 되는 부등식을 x의 1차부등식이라 한다.

부등식 $ax > b$의 해는

(i) $a > 0$인 경우 $x > \dfrac{b}{a}$

(ii) $a < 0$인 경우 $x < \dfrac{b}{a}$ (부등호 방향이 반대로 바뀜)

(iii) $a = 0$인 경우 $\begin{cases} b \geqq 0 \text{ 이면 해는 없다.} \\ b < 0 \text{ 이면 } x\text{는 모든 실수} \end{cases}$

(2) 연립 부등식의 해법

두 개 이상의 부등식을 동시에 만족해야 하는 부등식의 묶음을 연립부등식이라 한다.

예제 다음 연립부등식을 풀어라.

① $\begin{cases} 7x + 4 \geqq 2x - 6 \\ 6x + 3 < 2x + 15 \end{cases}$ ② $\begin{cases} 3x + 1 \leqq 5x - 7 \\ 5x - 15 > 2x + 3 \end{cases}$

풀이 연립방정식을 풀 때는 각각의 부등식을 푼 다음에, 서로 겹치는 범위를 구하면 된다.
공통(겹치는) 범위는 수직선을 이용하면 편리하다.

① 첫 번째 부등식으로부터 $5x \geqq -10$, 즉 $x \geqq -2$
두 번째 부등식으로부터 $4x < 12$, 즉 $x < 3$

를 얻는다. 이 결과로부터 겹치는 부분은

$$-2 \leqq x < 3$$ (수직선 참조)

이다.

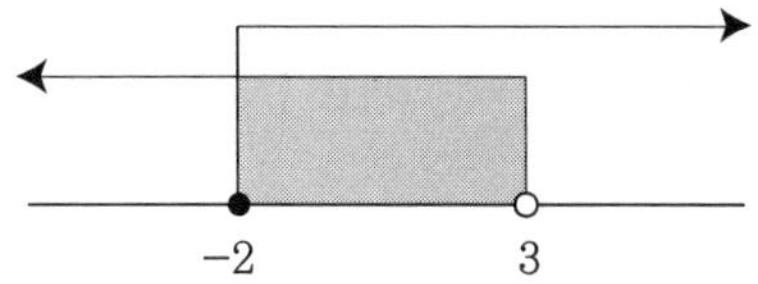

② 첫 번째 부등식으로부터 $-2x \leqq -8$, 즉 $x \geqq 4$
두 번째 부등식으로부터 $3x > 18$, 즉 $x > 6$
를 얻는다. 이 결과로부터 겹치는 부분은

$$x > 6$$

이다.

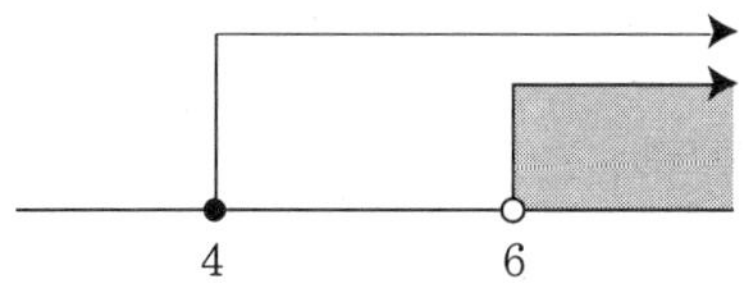

예제 다음 부등식을 풀어라.

① $ax + 1 > x + a^2$ ② $ax + b > cx + d$

풀이 ① x항을 좌변으로, 다른 항을 우변으로 옮기고 정리하면

$$(a-1)x > (a-1)(a+1)$$

가 된다.

$a > 1$이면 $a-1 > 0$이므로 $x > a+1$

$a < 1$이면 $a-1 < 0$이므로 $x < a+1$

$a = 1$이면 $0 \cdot x > 0$이므로 해가 없다.

② x항을 좌변으로, 다른 항을 우변으로 옮기고 정리하면

$$(a-c)x > d-b$$

가 된다.

$a > c$ 이면 $x > \dfrac{d-b}{a-c}$

$a < c$ 이면 $x < \dfrac{d-b}{a-c}$

$a = c$ 이고 $\begin{cases} d < b \text{이면 } x\text{는 모든실수} \\ d \geqq b \text{이면 } x\text{의 해가 없음} \end{cases}$

연습문제

3-1 다음 부등식을 풀어라.

① $ax-2 > x+1$ ② $ax+3 > 2x+a$

예제 다음 부등식을 풀어라.

① $1 < |x-3| < 2$ ② $|x+1|+|x-2| < 5$

풀이 ① $x-3 \geqq 0$, 즉 $x \geqq 3$일 때, 원 식은 $1 < x-3 < 2$ 이므로 각 항에 3을 더해주면

$$4 < x < 5$$

을 얻는다.

$x-3 < 0$, 즉 $x < 3$일 때, 원 식은 $1 < -x+3 < 2$이고, 각 항에 3을 빼주면 $-2 < -x < -1$이 된다. 다시 각 항을 −1로 나누고 부등호 방향을 바꾸면

$$1 < x < 2$$

이다.

② $x < -1$일 때, 원 식은 $-(x+1)-(x-2) < 5$가 되므로 이것으로부터 $x > -2$이고 따라서

$$-2 < x < -1$$

가 된다.

$-1 \leqq x < 2$일 때, 원 식은 $(x+1)-(x-2)<5$가 되며, 이것으로부터 $0 \cdot x < 2$이고, 따라서 영역

$$-1 \leqq x < 2$$

에서 항상 성립한다.

$x \geqq 2$일 때, 원 식은 $(x+1)+(x-2)<5$가 되며, 이것으로부터 $x<3$이므로

$$2 \leqq x < 3$$

이다. 이상을 종합하면

$$-2 < x < 3$$

을 얻는다.

…› 연습문제

3-2 다음 부등식을 풀어라.

① $|x-2|<3$　　② $|x+1|+|3-x|>6$

2. 이차 부등식

부등식을 정리하여

$$ax^2+bx+c>0 \ \ (a \neq 0)$$

의 형태가 되는 부등식을 x의 2차 부등식이라 한다.

2차 부등식의 기본적인 성질은

$A \cdot B > 0$이면 $(A>0$이고 $B>0)$ 또는 $(A<0$이고 $B<0)$

$A \cdot B < 0$이면 $(A>0$ 이고 $B<0)$ 또는 $(A<0$이고 $B>0)$

예제 다음 이차부등식을 풀어라.

① $x^2-4x+3>0$ ② $x^2-4x+3<0$

풀이 ① 좌변을 인수분해하면 $x^2-4x+3=(x-1)(x-3)>0$이므로

$(x-1>0$과 $x-3>0)$ 또는 $(x-1<0$과 $x-3<0)$

이다. 정리하면

$x>3$ 또는 $x<1$

② 좌변을 인수 분해하면 $x^2-4x+3=(x-1)(x-3)<0$이므로

$(x-1>0$과 $x-3<0)$ 또는 $(x-1<0$과 $x-3>0)$

이다. 정리하면

$1<x<3$

가 된다.

이상의 ①과 ②를 정리하면

$x^2-4x+3=0$의 근 1과 3을 경계로 하여

$x^2-4x+3>0$은 밖의 영역을 나타내고

$x^2-4x+3<0$은 안쪽 영역을 나타낸다.

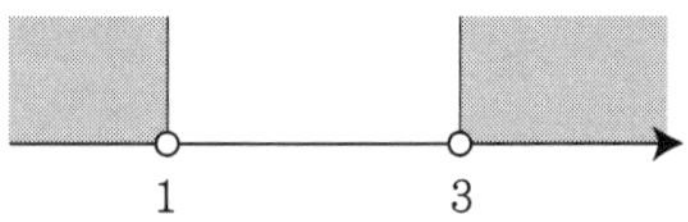

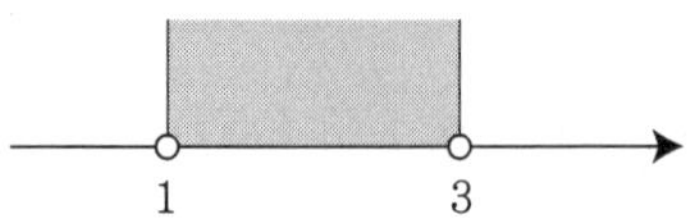

예제 다음 2차 부등식을 풀어라.($D > 0$인 경우)

① $x^2 - x > 2$　　② $-x^2 - x + 12 > 0$　　③$x^2 < 4x - 1$

풀이 먼저 원래 부등식을 $ax^2 + bx + c > 0$ 또는 $ax^2 + bx + c < 0$의 형태로 정리한다. 단, 이차항의 계수 a는 $a > 0$가 되도록 한다.

다음에 $ax^2 + bx + c = 0$의 근을 구한다.

이때

$$ax^2 + bx + c > 0 \quad (a > 0)$$

의 형태이면 이 부등식의 해는 두 근의 밖의 영역

$$ax^2 + bx + c < 0 \quad (a > 0)$$

의 형태이면 이 부등식의 해는 두 근의 안쪽 영역이다.

① $x^2 - x > 2$에서 $x^2 - x - 2 = (x-2)(x+1) > 0$이므로

$$x > 2 \text{ 또는 } x < -1$$

② $-x^2 - x + 12 > 0$에서 $x^2 + x - 12 = (x-3)(x+4) < 0$이므로

$$-4 < x < 3$$

③ $x^2 - 4x + 1 = 0$의 근은 근의 공식에 의해 $x = 2 \pm \sqrt{3}$이다. 따라서 $x^2 < 4x - 1$에서 $x^2 - 4x + 1 < 0$이므로 부등식의 해는

$$2 - \sqrt{3} < x < 2 + \sqrt{3}$$

예제 다음 2차 부등식을 풀어라.($D = 0$인 경우)

① $x^2 - 2x + 1 \geqq 0$　　② $x^2 - 2x + 1 > 0$

③ $x^2 - 2x + 1 \leqq 0$　　④ $x^2 - 2x + 1 < 0$

풀이 $D = 0$인 경우에는 완전제곱의 형태로 만든다.

① $x^2-2x+1=(x-1)^2 \geqq 0$이므로 x의 해는 모든 실수
② $x^2-2x+1=(x-1)^2 > 0$이므로 x의 해는 $x \neq 1$인 모든 실수
③ $x^2-2x+1=(x-1)^2 \leqq 0$이므로 x의 해는 $x=1$
④ $x^2-2x+1=(x-1)^2 < 0$이므로 x의 해는 없다.

예제 다음 2차 부등식을 풀어라.($D<0$인 경우)

① $x^2-2x+4>0$　　② $x^2-2x+4<0$　　③ $x^2-2x+4 \leqq 0$

풀이 $D<0$인 경우에도 완전제곱 형태로 만든다.

① $x^2-2x+4=(x-1)^2+3>0$이므로 x는 모든 실수
② $x^2-2x+4=(x-1)^2+3<0$이므로 x의 해는 없다.
③ $x^2-2x+4=(x-1)^2+3 \leqq 0$이므로 x의 해는 없다.

…› 연습문제

3-3 다음 2차 부등식을 풀어라.

① $x^2-(a+3)x+3a<0$　　② $ax^2+2ax+3a>0$
③ $|x^2-6x+8|<8$　　④ $x^2-2x-3>3|x-1|$

3. 삼차 및 사차부등식

부등식

$$x^3-3x^2-x+3<0,\ (x^2-1)(x^2+2)>0$$

과 같이 부등식에서 최고차수의 항이 삼차 및 사차인 경우에 그 부등식을 각각 삼차부등식 및 사차부등식이라 한다.

고차부등식을 푸는 방법은 이차부등식의 풀이와 마찬가지로 모든 항을 한쪽 변으로 이항한다. 다음에 실수의 영역 내에서 인수분해하고 각 인수의 부호를 조사하여 푼다.

예로서 삼차부등식 $x^3-3x^2-x+3<0$의 해를 구해보자.

$f(x)=x^3-3x^2-x+3$라 놓고, 대입해 보면

$$f(-1)=0,\ f(1)=0$$

임을 알 수 있다. 따라서 인수분해하면

$$f(x)=(x+1)(x-1)(x-3)$$

가 된다. x값 −1, 1, 3을 경계로 구분하여 x값에 따라 아래 표와 같이 각각의 부호를 조사한다.

x의 영역	$x<-1$	−1	$-1<x<1$	1	$1<x<3$	3	$x>3$
$x+1$	−		+		+		+
$x-1$	−		−		+		+
$x-3$	−		−		−		+
$(x+1)(x-1)(x-3)$	−	0	+	0	−	0	+

위의 표로부터 부등식 $x^3-3x^2-x+3<0$의 해는

$$x<-1 \text{ 또는 } 1<x<3$$

가 된다.

또한 수직선을 사용하여 해를 구할 수도 있다. 즉, 각 x값의 영역에서 $(x+1)(x-1)(x-3)$의 부호를 조사하면 아래 그림의 수직선을 얻는다.

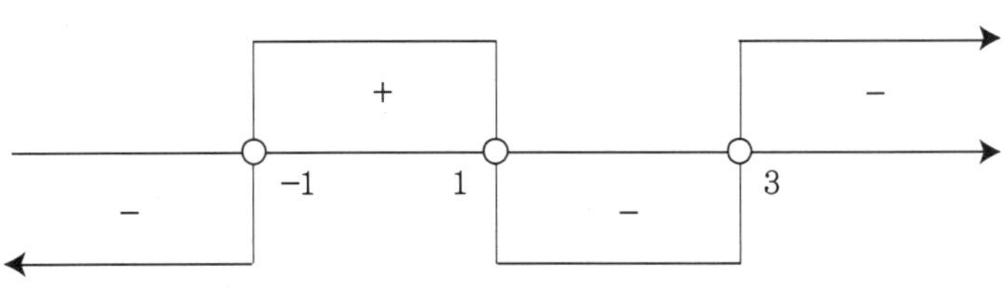

$(x+1)(x-1)(x-3)<0$의 해는

$$x<-1 \text{ 또는 } 1<x<3$$

이다.

…› 연습문제

3-4 다음 부등식을 풀어라.

① $x(x-2)(x-4)>0$ ② $x^3 \leqq x$ ③ $x^3+2x^2-x-2>0$

예제 다음 부등식을 풀어라.

① $x^3-5x^2+8x-4<0$ ② $x^3-5x^2+8x-4 \leqq 0$

풀이 $f(x)=x^3-5x^2+8x-4$로 놓고, $f(x)$를 조사해보면 $f(1)=0$이므로, $f(x)$는 $x-1$로 나누면 x^2-4x+4을 얻는다. 따라서

$$f(x)=(x-1)(x^2-4x+4)=(x-1)(x-2)^2$$

로 인수분해된다. 그러므로

①의 해는 $x<1$이고

②의 해는 $x \leqq 1$ 또는 $x=2$이다.

…› 연습문제

3-5 다음 부등식을 풀어라.

① $(x-1)(x-2)^2 \leqq 0$ ② $x^3-3x-2 \geqq 0$

예제 부등식 $x^4-4x^3+5x^2-2x<0$

풀이 $f(x)=x^4-4x^3+5x^2-2x$로 놓고, $f(x)$를 조사해보면 $f(0)=0$, $f(1)=0$, $f(2)=0$임을 알 수 있다. 따라서 $f(x)$는 x, $x-1$과 $x-2$로 연속으로 나누면 $x-1$을 얻는다. 따라서

$$f(x)=x(x-1)^2(x-2)$$

로 인수분해된다.
그러므로 0, 1 및 2인 x값을 경계로 하여 다음 부등식의 부호를 조사하면

$$x(x-1)^2(x-2) < 0$$

의 해는

$$0 < x < 1 \text{ 또는 } 1 < x < 2$$

임을 알 수 있다.

⋯› 연습문제

3-6 다음 부등식을 풀어라.

① $x^4 - x^3 - x^2 - 2x < 0$　　② $x^4 - x^3 - 2x^2 + 6x - 4 \geqq 0$

예제 다음 연립부등식을 풀어라.

$$\begin{cases} x^3 + 2x^2 + 2x + 1 > 0 & \cdots\cdots (a) \\ x^4 - 4x^3 - x^2 + 16x - 12 \geqq 0 & \cdots\cdots (b) \end{cases}$$

풀이 부등식 (a)의 좌변을 인수분해하면

$$x^3 + 2x^2 + 2x + 1 = (x+1)(x^2+x+1)$$

이고 $x^2 + x + 1 = \left(x + \frac{1}{2}\right)^2 + \frac{3}{4} > 0$이므로 부등식(a)의 해는 $x + 1 > 0$를 만족해야 한다.
따라서 (a)의 해는

$$x > -1$$

또한 부등식 (b)의 좌변을 인수분해하면

$$x^4 - 4x^3 - x^2 + 16x - 12 = (x+2)(x-1)(x-2)(x-3)$$

이므로, x값 −2, 1, 2, 3을 경계로 하여 부호를 조사하면 부등

식 (b)의 해는

$$x \leqq -2 \text{ 또는 } 1 \leqq x \leqq 2 \text{ 또는 } x \geqq 3$$

가 된다.
그러므로 부등식(a)와 (b)를 동시에 만족하는 해는

$$1 \leqq x \leqq 2 \text{ 또는 } x \geqq 3\text{이다.}$$

…› 연습문제

3-7 다음 연립부등식을 풀어라.

① $\begin{cases}(x+1)^2(x-1)(x-2)<0 & \cdots\cdots (a)\\ (x-2)^2(x-4)(x+2)<0 & \cdots\cdots (b)\end{cases}$

② $-1 < x^3-2x^2-5x+9 \leqq 3$

4. 분수 부등식

부등식

$$\frac{1}{x^2} \geqq 1, \quad \frac{x-3}{x+2}, \quad x^3-3x^2+3x-6<0$$

과 같이 유리식으로만 이루어진 부등식을 유리부등식이라 한다. 유리부등식 중에서 변수 x가 분수식의 분모에 포함되어 있으면 분수부등식이라 한다.

예제 분수부등식 $\dfrac{x(x+1)}{x-1} \geqq 0$을 풀어라.

풀이 x가 1인 경우는 발산하므로 $x \neq 1$인 경우만 생각한다. 이 경우 $(x-1)^2>0$이므로 부등식의 양변에 $(x-1)^2$을 곱해도 부등호 방향이 바뀌지 않는다.
따라서

$$x(x+1)(x-1) \geqq 0 (x \neq 1)$$

가 성립된다. 이것을 풀면

$$-1 \leqq x \leqq 0 \text{ 또는 } x > 1$$

이 된다.

일반적으로 분수부등식을 풀 때는 분모의 제곱을 양변에 곱하여 만들어지는 부등식의 해를 구한다. 단, 분모가 0이 되는 x 값은 제외한다.

연습문제

3-8 분수부등식 $\dfrac{x^2-5x+6}{x-1} \leqq 0$을 풀어라.

3-9 분수부등식 $\dfrac{x^2-4x+1}{x^2-2x+3} < 1$을 풀어라.

3-10 연립분수부등식 $\dfrac{2x-1}{x+2} < 1 \leqq \dfrac{2x+1}{x}$을 풀어라.

CHAPTER_ 02

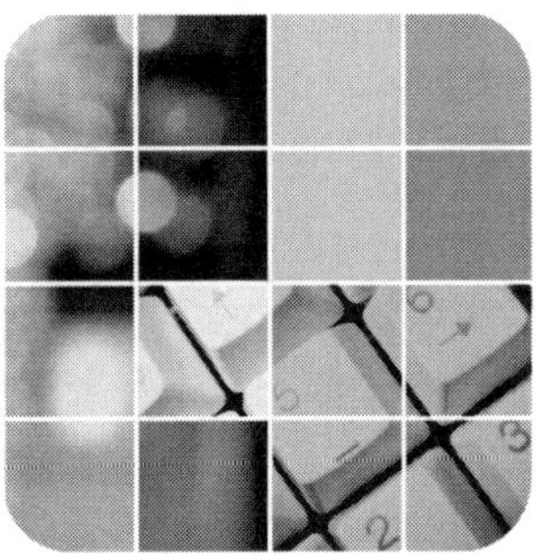

함수

Ⅰ 일반함수

Ⅱ 지수 로그함수

Ⅲ 삼각함수

Ⅳ 극한과 연속

●●● 함수는 변화하는 두 양 사이의 관계를 나타내는 개념으로서 그 관계를 이용하여 우리 주위에서 일어나는 여러 현상을 파악하고 그 규칙성을 연구하는데 중요한 역할을 한다. 이 장에서는 일반함수를 설명한 후 지수로그함수, 삼각함수 등을 공부하고 함수의 극한과 연속에 대한 성질을 알아본다.

Ⅰ 일반함수

1. 일차 함수

자동차가 시속 80km로 주행할 때 주행거리는 주행시간에 비례하는 관계를 나타낸다. 주행시간을 x(시간), 주행거리를 y(km)로 나타내면 $y=80x$라는 관계식으로 나타낼 수 있으며 주행시간이 주어지면 주행거리를 구할 수 있다.

길이가 10cm인 용수철이 있다. 추의 무게(x)를 변화시키면서 매달아 용수철의 길이(y)를 측정한 결과 다음과 같은 결과를 얻었다.

x(g)	0	1	2	3	4	5
y(cm)	10	12	14	16	18	20

위의 결과에서 용수철의 길이(y)는 추의 무게(x)의 관계식으로 $y=2x+10$으로 나타낼 수 있다.

위의 두 식에서 y는 x에 대한 일차식이다. 이와 같이 y가 x의 일차식으로 표현된 함수를 x의 일차함수라고 하며, 임의의 상수를 이용하여 나타내면 다음과 같다.

$$y=ax+b\ (a\neq 0,\ a,\ b\text{는 상수})$$

2. 반비례함수

부피가 12L인 수족관에 물을 채울 때, 1분에 1L, 2L, 3L, 4L, 6L, 12L씩 물을 넣는다면 수족관을 다 채우는데 소요되는 시간은 다음과 같다.

물을 넣는 속도(L/분)	1	2	3	4	6	12
가득 채우는데 필요한 시간(분)	12	6	4	3	2	1

위 표에서와 같이 물을 넣는 속도가 커질수록 가득 채우는데 필요한 시간은 짧아진다. 물을 넣는 속도를 x, 가득 채우는데 필요한 시간을 y라고 하면 $y=\frac{12}{x}$의 관계가 성립한다.

위의 식에서 x에 반비례하여 y값이 결정하므로 y는 x에 반비례함수라고 하며, 상수 12 대신 임의의 상수 a를 이용하여 나타내면 다음과 같다.

$$y=\frac{a}{x} \quad (a \neq 0)$$

3. 함수의 표현과 범위

자동차의 속도가 시속 80km일 때, 주행거리(y)는 주행시간(x)의 함수로 나타내어 $y=80x$라고 표현하였다. 이때 y는 x의 함수라는 의미를 f, g, h, $\cdots$ 등의 기호를 사용하여 $y=f(x)$, $y=g(x)$, $y=h(x)$, $\cdots$ 등의 형태로 표현한다. 두 개의 변수 x, y 중에서 먼저 주어지는 변수, 즉 x를 독립변수라고 하며, 독립변수에 따라 그 값이 결정되는 변수(y)를 종속변수라고 한다. 변수의 기호는 x, y뿐만 아니라 임의로 어떠한 기호를 선택하여 사용할 수 있다. 위의 $y=80x$의 식 대신에 주행시간을 t, 주행거리를 s라고 나타내면 함수식은 $s=80t$가 되며 $s=f(t)$, $s=g(t)$, $s=h(t)$, $\cdots$의 형태로 함수관계를 표현한다.

위의 용수철 길이를 구하는 경우에 추의 무게는 $1g$, $2g$, $\cdots$, $5g$의 5개가 있으므로 x값이 가질 수 있는 값은 $\{0, 1, 2, 3, 4, 5\}$이며 이는 함수 $y=f(x)=2x+10$의 정의역이라 한다. x값을 함수식에 대입하여 $f(0)=10$, $f(1)=12$, $f(2)=14$, $\cdots$, $f(5)=20$을 얻는다. 이 값들은 $x=0, 1, \cdots, 5$일 때의 함수 $f(x)=2x+10$의 함수값이라 한다. 함수값 전체의 집합을 함수 f의 치역이라 한다. 따라서 위 함수 $f(x)=2x+10$의 치역은 $\{10, 12, \cdots, 20\}$이다.

앞의 예에서 자동차가 시속 80km의 속도로 400km의 거리를 주행한다면 주행시간(x)에 따른 주행거리(y)는 $y=80x$라고 표현하였다. 이때 x가 취할 수 있는 값은 0, 1, 2, …, 5뿐만 아니라 0.5, 1.1, …등의 0에서 5까지의범위 내의 무한한 값을 취할 수 있다. 또한 주행시간이 5시간이면 400km 거리의 목적지까지 도달하므로 x가 5보다 큰 값은 가질 수 없다. 따라서 이 경우 함수 $f(x)=80x$의 정의역은 $\{x \mid 0 \leqq x \leqq 5\}$, 치역은 $\{y \mid 0 \leqq y \leqq 400\}$이다.

그러나 구체적으로 독립변수 x와 종속변수 y에 대한 범위의 제한이 주어져 있지 않을 경우 정의역과 치역은 수 전체의 집합으로 생각한다.

예제 한 변의 길이가 $x$cm인 정사각형의 둘레를 $y$cm라고 할 때 y는 x의 함수로 나타낼 수 있다.

① $y=f(x)$를 나타내어라.

② 정의역이 $\{1, 3, 5\}$일 때 함수 f의 치역을 구하여라.

풀이 ① $y=f(x)=4x$

② 치역 $=\{4, 12, 20\}$

4. 일차함수의 그래프와 평행이동

$y=ax$와 $y=ax+b$의 그래프

$y=ax$의 그래프는 x, y 좌표평면에서 원점 (0,0)을 지나고 기울기가 a인 일차함수 그래프이다. $y=ax+b$의 그래프는 $y=ax$의 그래프로 y축 방향으로 b만큼 평행이동한 그래프이다.

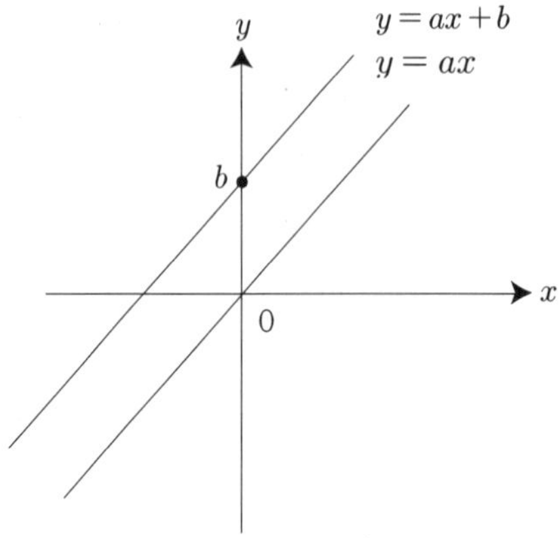

예제 $y = 2x + 2$의 그래프는 $y = 2x$의 그래프를 y축 방향으로 얼마만큼 평행이동한 그래프인가?

풀이 일차함수 $y = 2x + 2$의 그래프는 다음 그림과 같다.

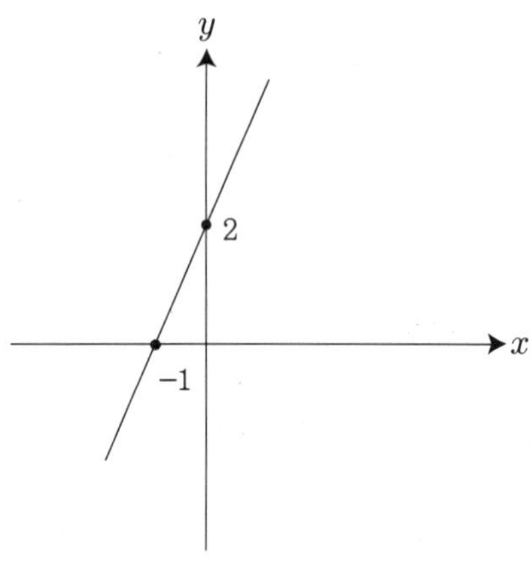

이 그림에서 그래프가 x축과 만나는 점의 좌표는 $(-1, 0)$이고, y축과 만나는 좌표는$(0,\ 2)$이다.

이와 같이 일차 함수의 그래프가 x축과 만나는 점의 x좌표 -1을 x절편, y축과 만나는 점의 y좌표 2를 y절편이라고 한다.

예제 일차함수 $y=-2x+2$의 x절편과 y절편을 구하여라.

풀이 x절편은 x축과 만나는 점이므로 y의 값이 0일 때의 x값이다.
$y=-2x+2$의 식에 $y=0$을 대입하면

$$0=-2x+2 \quad \therefore x=1$$

y절편은 y축과 만나는 점이므로 x의 값이 0일 때의 y값이다.
$y=-2x+2$의 식에 $x=0$을 대입하면

$$y=2$$

$\therefore$ x절편 : 1, y절편 : 2

5. 이차함수

가로의 길이가 3cm, 세로의 길이가 2cm인 직사각형이 있다. 가로와 세로의 길이를 $x$cm씩 증가시키면서 만든 사각형의 넓이를 $y\text{cm}^2$이라 할 때, y는 다음과 같이 표현된다.

$$y=(3+x)(2+x)=x^2+5x+6$$

위 식과 같이 y가 x의 2차식으로 표현된 함수를 x의 이차함수라고 하며, 임의의 상수를 이용하여 나타내면 다음과 같다.

$$y=ax^2+bx+c \ (a \neq 0,\ a,\ b,\ c\text{는 상수})$$

6. 이차함수의 그래프와 평행이동

이차함수 $y=ax^2$의 그래프는 꼭지점이 원점 $(0,\ 0)$을 지나는 포물선 형태의 그래프이다.

$a>0$이면 아래로 볼록한 그래프, $a<0$이면 위로 볼록한 그래프이다.

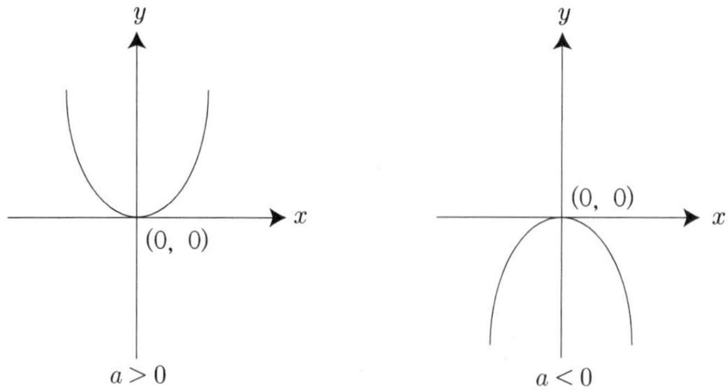

이차함수 $y = ax^2$의 그래프

$y = a(x-p)^2$의 그래프는 $y = ax^2$의 그래프를 x축 방향으로 p만큼 평행이동한 꼭지점이 $(p,\ 0)$인 그래프이다.

$y = ax^2 + q$의 그래프는 $y = ax^2$의 그래프를 y축 방향으로 q만큼 평행이동한 꼭지점이 $(0,\ q)$인 그래프이다.

$y = a(x-p)^2 + q$는 $y = ax^2$의 그래프를 x축 방향으로 p만큼, y축 방향으로 q만큼 평행이동한 꼭지점이 $(p,\ q)$인 그래프이다.

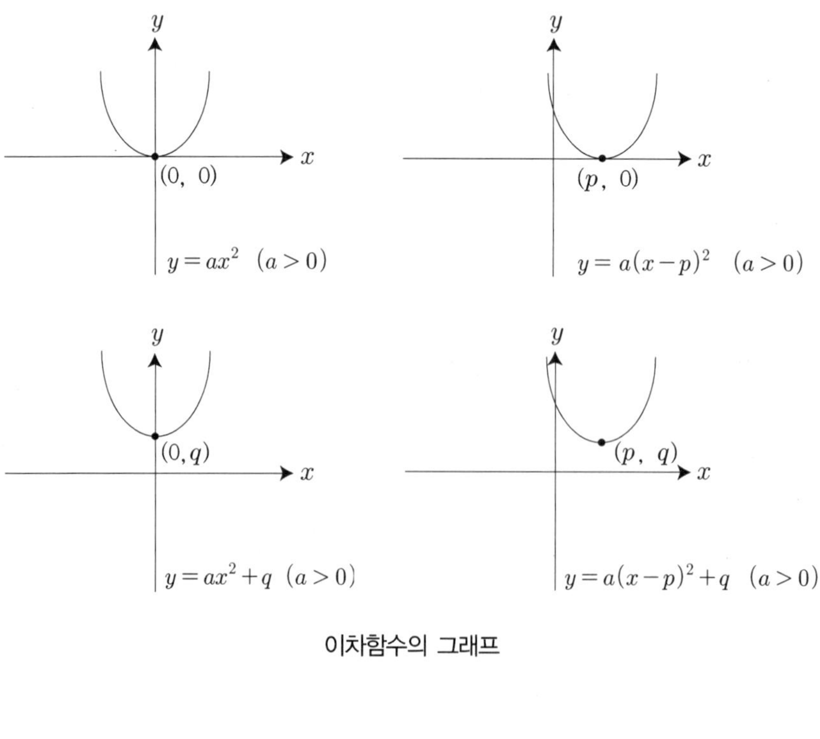

이차함수의 그래프

$y=ax^2+bx+c$의 그래프는 $y=a(x-p)^2+q$의 형태로 바꾸어 그릴 수 있다. 예를 들어 $y=2x^2-8x+11$의 그래프는 $y=a(x-p)^2+q$의 형태로 바꾸면 다음과 같다.

$$\begin{aligned} y &= 2x^2-8x+11 \\ &= 2(x^2-4x+4-4)+11 \\ &= 2(x^2-4x+4)+3 \\ &= 2(x-2)^2+3 \end{aligned}$$

따라서 $y=2x^2-8x+11$의 그래프는 $y=2(x-2)^2+3$의 그래프로 바꾸어 표현할 수 있으며, 이는 점 $(2,\ 3)$을 꼭지점으로 한 아래로 볼록한 그래프이다.

이차함수의 그래프와 평행이동

예제 다음 이차함수의 그래프를 그려보아라.

(1) $y=x^2$

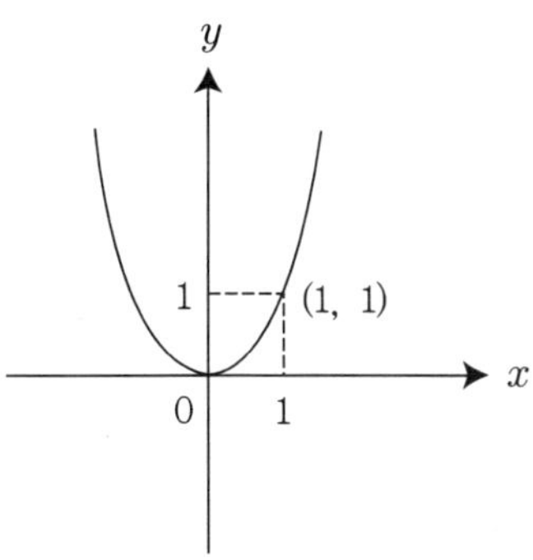

(2) $y=2x^2$

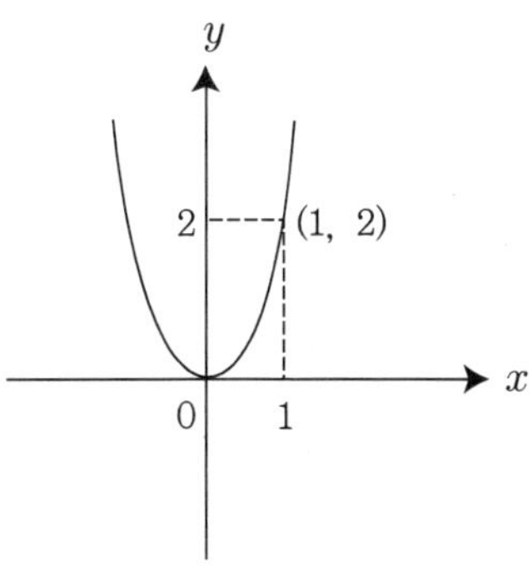

(3) $y = 3x^2$

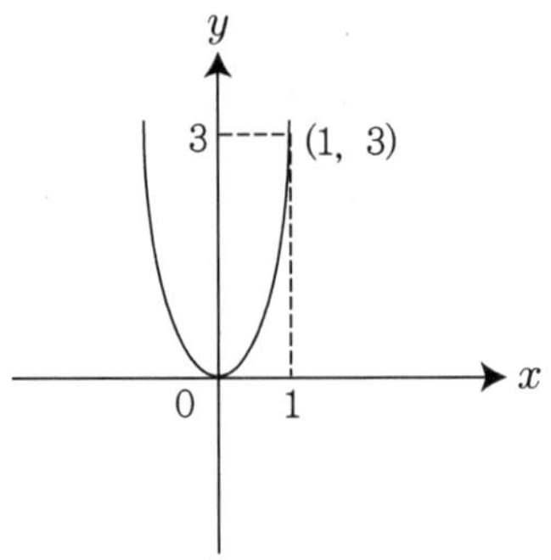

(4) $y = -x^2$

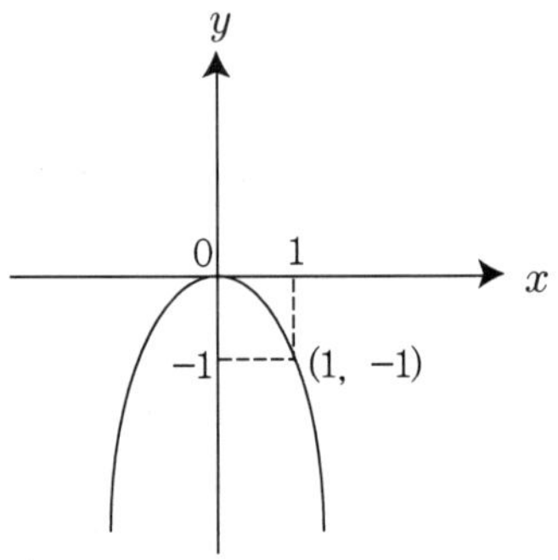

(5) $y = -2x^2$

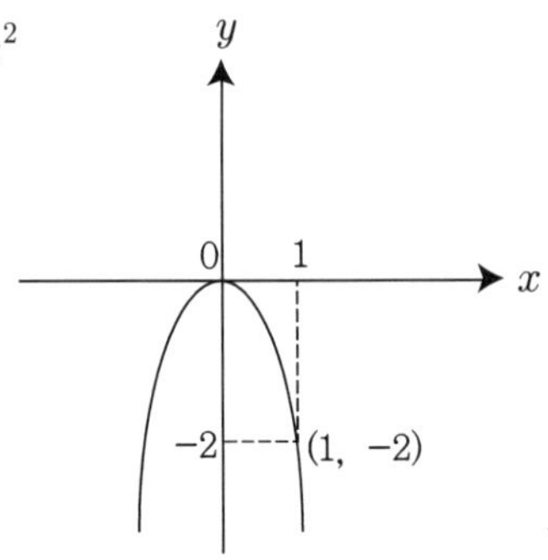

(6) $y = -3x^2$

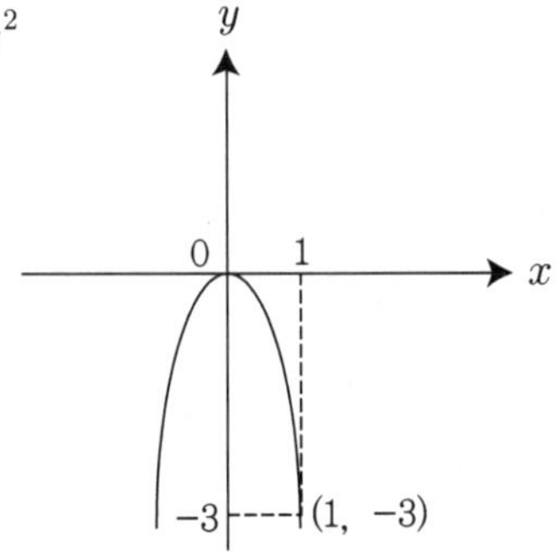

예제 다음 이차함수의 그래프를 그려 보아라.

(1) $y = 2x^2 - 8x + 7$　　　　(2) $y = -2x^2 + 4x - 5$

풀이 (1) $y = 2x^2 - 8x + 7 = 2(x^2 - 4x + 4 - 4) + 7$

$$= 2(x^2 - 4x + 4) - 1$$
$$= 2(x - 2)^2 - 1$$

이 그래프는 점 (2, −1)을 꼭지점으로 한 아래로 볼록한 그래프이다.

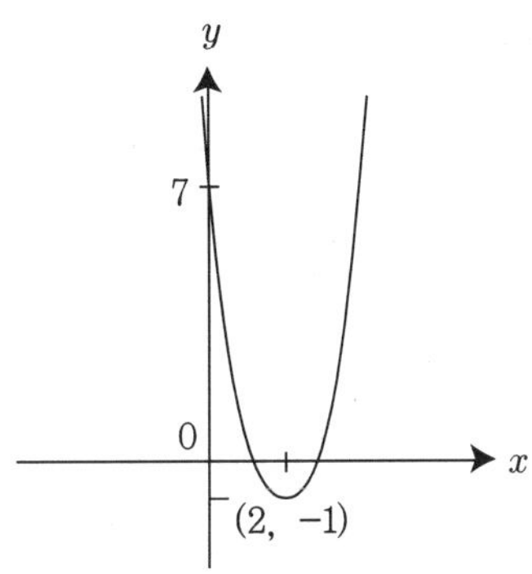

(2) $y = -2x^2 + 4x - 5$

$$= -2(x^2 - 2x + 1 - 1) - 5$$
$$= -2(x^2 - 2x + 1) - 3$$
$$= -2(x - 1)^2 - 3$$

이 그래프는 점 (1, −3)을 꼭지점으로 한 위로 볼록한 그래프이다.

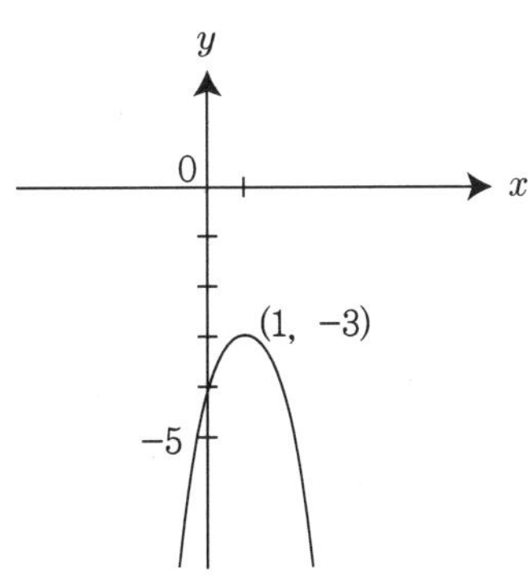

7. 합성함수

함수 $y=f(x)$와 $z=g(y)$가 있을 때 z를 x의 함수로 나타나기 위하여 나타낸 함수를 합성함수라고 하며 다음과 같이 나타낸다.

$$(g \circ f)(x) = g(f(x))$$

예제 $f(x)=2x+1 \quad g(y)=3y-1$일 때 합성함수 $g \circ f$를 구하여라.

풀이 $(g \circ f)(x) = g(f(x)) = g(2x+1)$

$$= 3(2x+1) - 1 = 6x+2$$

Ⅱ 지수로그함수

1. 지수함수

함수 $f(x)=2^x$는 변수 x가 지수이기 때문에 지수함수라고 한다. 일반적으로, $a>0$이고 $a\neq 1$인 실수 a에 대해 $y=a^x$의 형태로 주어지는 함수를 지수함수라고 한다. 즉, 지수함수는 다음과 같이 나타난다.

$$y=a^x\,(a>0,\ a\neq 1)$$

일반적으로, 지수함수 $y=a^x$의 정의역을 실수 전체의 집합이고, 치역은 양의 실수 전체의 집합이다.

지수함수의 그래프는 a값의 범위에 따라 다음과 같은 모양을 갖는다.

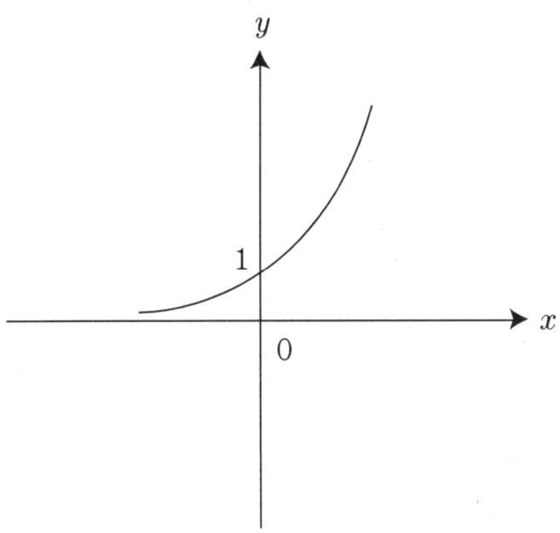

$y=a^x,\ a>1$

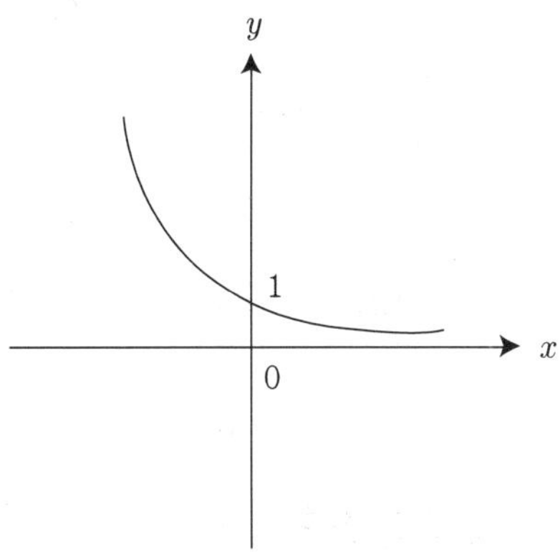

$y=a^x,\ 0<a<1$

▶▶▶ 정리

지수함수는 다음의 조건을 만족한다.

① $a^0=1$

② $a^{x+y}=a^x a^y$

③ $a^{x-y}=\dfrac{a^x}{a^y}$

④ $a^{xy}=\left(a^x\right)^y$

예제 정의역의 $\{x \mid -1 \leqq x \leqq 1\}$인 지수함수 $y = 2^x - 1$의 치역을 구하여라.

풀이 함수 $y = 2^x - 1$의 그래프는 $y = 2^x$의 그래프를 y축 방향으로 −1만큼 평행이동한 그래프이다.

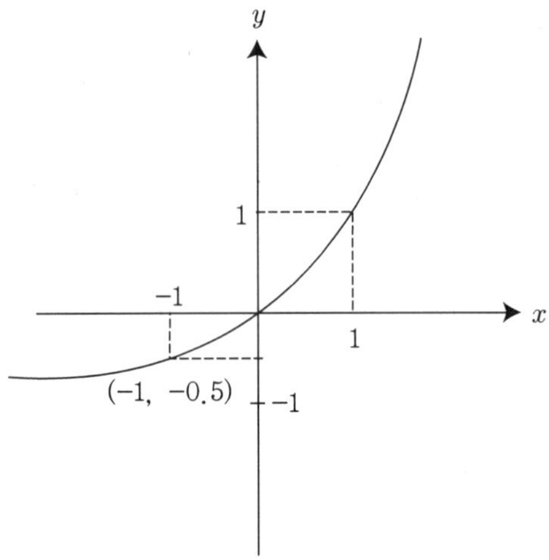

$$x = -1 \text{일 때 } y = 2^{-1} - 1 = -0.5$$

$$x = 1 \text{일 때 } y = 2^1 - 1 = 1$$

따라서 치역은 $\{y \mid -0.5 \leqq y \leqq 1\}$이다.

2. 로그함수

지수함수 $y = a^x\,(a > 0,\ a \neq 1)$는 정의역이 실수 전체의 집합이고, 치역이 양의 실수 전체의 집합이다.

이 함수의 역함수를 구하기 위하여 x와 y를 바꾸어 놓으면 다음과 같다.

$$x = a^y$$

양변에 밑수가 a인 로그를 취하면

$$\log_a x = \log_a a^y = y$$

$$\therefore y = \log_a x \quad (a > 0,\ a \neq 1)$$

이 함수를 a를 밑수로 하는 로그함수라고 한다.

로그함수 $y = \log_a x$는 지수함수 $y = a^x$의 역함수이므로 정의역은 양의 실수 전체의 집합이고, 치역은 실수 전체의 집합니다.

또한, 로그함수 $y = \log a^x$의 그래프는 $y = a^x$의 그래프와 $y = x$에 대하여 대칭이며, a값의 범위에 따라 다음과 같다.

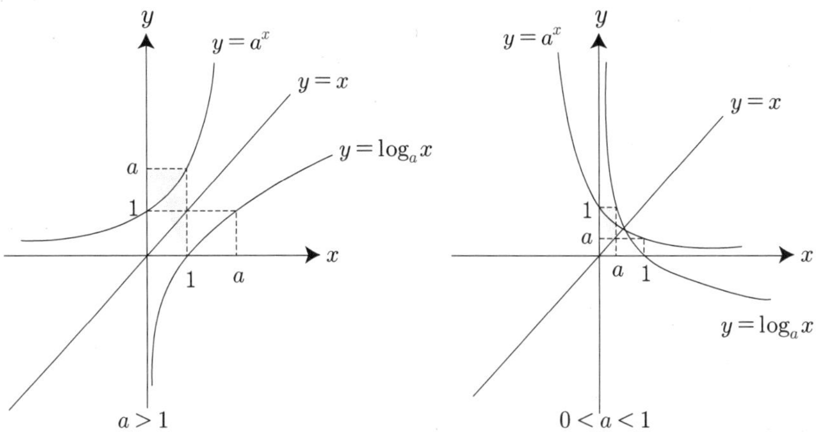

▶▶▶ **정리**

① $\log_a(xy) = \log_a x + \log_a y$

② $\log_a\left(\dfrac{x}{y}\right) = \log_a x - \log_a y$

③ $\log_a(x^r) = r\log_a x$

예제 $\log_a(xy) = \log_a x + \log_a y$ 식을 증명하여라.

풀이 $z = \log_a x,\ w = \log_a y$라 하면 $x = a^z,\ y = a^w$이다.
$xy = a^z a^w = a^{(z+w)}$이므로

$$\log_a xy = \log_a a^{(z+w)} = z + w = \log_a x + \log_a y$$

예제 위의 정리를 이용하여 $\log_2 80 - \log_2 10$을 구하여라.

풀이 $\log_2 80 - \log_2 10 = \log_2\left(\frac{80}{10}\right) = \log_2 8 = \log_2 2^3 = 3$

3. 자연로그함수

로그함수 $y = \log_a x$의 식에서 a 대신 특정한 수 $e = 2.71828\cdots$를 대입하여 $y = \log_e x$로 나타낸 함수를 자연로그함수라고 한다. 자연로그는 다음과 같이 나타낸다.

$$\log_e x = \ln x$$

예제 $\log_a x = \frac{\ln x}{\ln a}$임을 증명하여라.

풀이 $y = \log_a x$라고 하면 $a^y = x$이다.
양변에 밑수가 e인 로그를 취하면

$$\ln a^y = \ln x$$

$$\therefore y \ln a = \ln x \qquad \therefore y = \frac{\ln x}{\ln a}$$

$$\therefore \log_a x = \frac{\ln x}{\ln a}$$

Ⅲ 삼각함수

1. 회전각의 표시

아래 그림과 같이 직선 OX의 위치에서 점 O를 중심으로 직선 OP가 회전할 때, 이 회전각을 ∠XOP로 나타낸다.

이때 OX를 시초선, OP를 동경이라고 하며, 동경 OP가 점 O를 중심으로 회전할 때, 시계바늘과 반대방향을 양의 방향으로, 시계바늘 방향을 음의 방향으로 가정한다. 동경 OP의 회전각은 회전횟수(n)에 따라서 무수히 많은 각 점을 가질 수 있으며, 일반각으로서 다음과 같이 나타낸다.

$$360° \times n + \theta°\text{(단, } n\text{은 정수)}$$

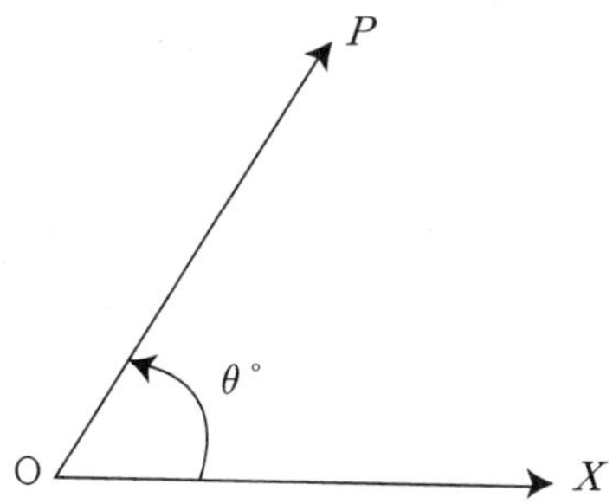

좌표평면 위의 원점 0에서 시초선을 x축의 양의 방향으로 잡았을 때, 동경 OP가 제 1, 제 2, 제 3, 제 4사분면에 놓이면, 동경 OP가 나타내는 각을 각각 제 1, 제 2, 제 3, 제 4사분면 각이라고 한다.

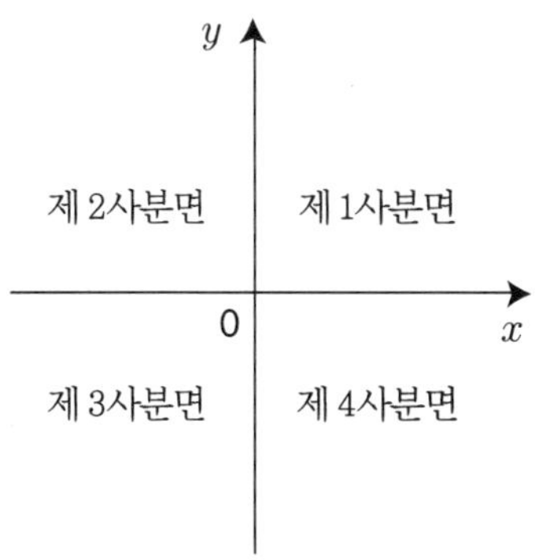

2. 회전각의 단위

각의 크기는 30°, 60° 등과 같이 1회전의 각을 360등분한 '도' 의 단위를 사용하거나 그림과 같이 원의 반지름 r에 해당하는 호의 길이(호 AB)가 원의 중심과 이루는 각을 1단위(1rad)로 나타내는 라디안(radian, rad)을 사용한다.

원주 길이는 $2\pi r$이므로 1회전각을 라디안으로 나타내면 $2\pi r / r = 2\pi$ 라디안이 되며 1라디안은 $\dfrac{360^\circ}{2\pi} \fallingdotseq 57^\circ$가 된다.

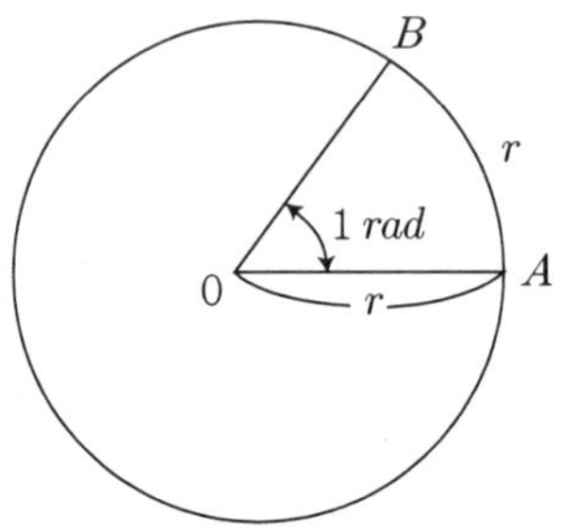

3. 삼각함수의 덧셈정리

그림의 xy 좌표평면에서 x축의 양의 부분을 시초선으로 하고 각의 크기가 θ인 동경과 반지름의 길이가 r인 원의 교점 p의 좌표를 (x, y)라고 하면 θ에 대한 삼각함수는 다음과 같다.

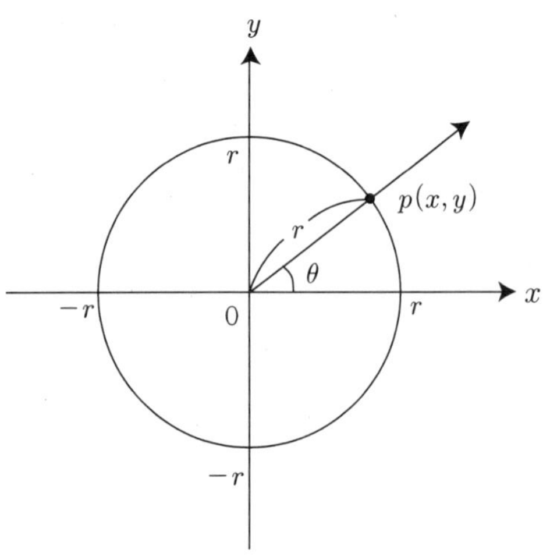

$$\sin\theta = \frac{y}{r},\ \cos\theta = \frac{x}{r},\ \tan\theta = \frac{y}{x}$$

$$\mathrm{cosec}\theta = \frac{r}{y},\ \sec\theta = \frac{r}{x},\ \cot\theta = \frac{x}{y}$$

삼각함수 값의 부호는 각 θ를 나타내는 동경 위의 점 $P(x, y)$의 위치에 따라 다음과 같이 결정된다.

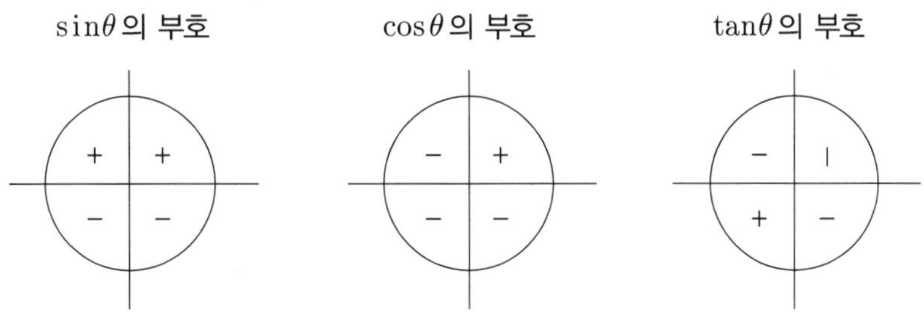

…› 연습문제

3-1 다음 각에 대한 sin, cos, tan 값을 구하여라.

① $\frac{\pi}{6}$　　② $\frac{4}{3}\pi$　　③ $-\frac{\pi}{3}$　　④ $\frac{10}{3}\pi$

(1) 삼각함수 덧셈정리

그림과 같이 좌표평면에서 각의 크기 α, β를 나타내는 동경과 원 $x^2+y^2=1$이 만나는 점을 각각 P, Q라고 하면, 두 점의 좌표는 $P(\cos\alpha, \sin\alpha)$, $Q(\cos\beta, \sin\beta)$이다.

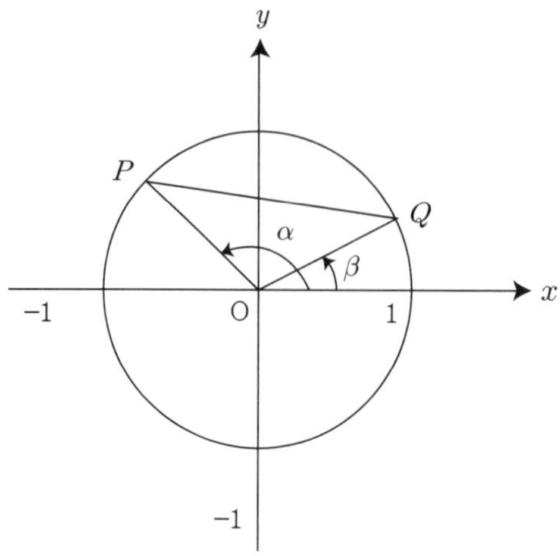

ΔOPQ에서 제 2코사인 법칙을 적용하면,

$$\overline{PQ}^2 = \overline{OP}^2 + \overline{OQ}^2 - 2\overline{OP}\cdot\overline{OQ}\cos(\alpha-\beta)$$
$$=1+1-2\cos(\alpha-\beta)$$

두 점 사이의 거리공식으로부터,

$$\overline{PQ}^2 = (\cos\alpha - \cos\beta)^2 + (\sin\alpha - \sin\beta)^2$$
$$= 2-2(\cos\alpha\ \cos\beta + \sin\alpha\ \sin\beta)$$

$$\therefore\ \cos(\alpha-\beta) = \cos\alpha\ \cos\beta + \sin\alpha\ \sin\beta \quad \cdots\cdots\ (1)$$

위 식(1)에서 β 대신 $-\beta$를 대입하면

$$\cos(\alpha+\beta) = \cos\alpha\ \cos\beta - \sin\alpha\ \sin\beta \quad \cdots\cdots\ (2)$$

한편, $\sin\theta = \cos\left(\frac{\pi}{2}-\theta\right)$, $\cos\theta = \sin\left(\frac{\pi}{2}-\theta\right)$를 이용하면,

$$\sin(\alpha+\beta) = \cos\left\{\frac{\pi}{2}-(\alpha+\beta)\right\} = \cos\left\{\left(\frac{\pi}{2}-\alpha\right)-\beta)\right\}$$
$$= \cos\left(\frac{\pi}{2}-\alpha\right)\cos\beta + \sin\left(\frac{\pi}{2}-\alpha\right)\sin\beta$$
$$= \sin\alpha\ \cos\beta + \cos\alpha\ \sin\beta \quad \cdots\cdots\ (3)$$

위 식 (3)에서 β 대신 $-\beta$를 대입하면

$$\sin(\alpha-\beta)=\sin\alpha\cos\beta-\cos\alpha\sin\beta \quad \cdots\cdots (4)$$

이들 4개의 공식을 코사인, 사인에 대한 삼각함수의 덧셈정리라고 한다.

◇ 삼각함수 덧셈정리 (1)

$$\sin(\alpha\pm\beta)=\sin\alpha\cos\beta\pm\cos\alpha\sin\beta$$
$$\cos(\alpha\pm\beta)=\cos\alpha\cos\beta\mp\sin\alpha\sin\beta$$

삼각함수 덧셈정리(1)로부터 탄젠트에 대한 식을 다음과 같이 나타낸다.

$$\tan(\alpha+\beta)=\frac{\sin(\alpha+\beta)}{\cos(\alpha+\beta)}=\frac{\sin\alpha\cos\beta+\cos\alpha\sin\beta}{\cos\alpha\cos\beta-\sin\alpha\sin\beta}$$

우변의 분자와 분모를 각각 $\cos\alpha\cos\beta(\cos\alpha\cos\beta\neq 0)$로 나누면,

$$\tan(\alpha+\beta)=\frac{\tan\alpha+\tan\beta}{1-\tan\alpha\tan\beta} \quad \cdots\cdots (5)$$

위 식 (5)에서 β 대신 $-\beta$를 대입하면,

$$\tan(\alpha-\beta)=\frac{\tan\alpha+\tan(-\beta)}{1-\tan\alpha\tan(-\beta)}=\frac{\tan\alpha-\tan\beta}{1+\tan\alpha\tan\beta} \quad \cdots\cdots (6)$$

이들 2개의 공식을 탄젠트에 대한 삼각함수의 덧셈정리라고 한다.

◇ 삼각함수 덧셈정리 (2)

$$\tan(\alpha\pm\beta)=\frac{\tan\alpha\pm\tan\beta}{1\mp\tan\alpha\tan\beta}$$

예제 두 직선 $2x+y-4=0$, $x-y+2=0$가 이루는 예각의 크기 θ를 구하여라.

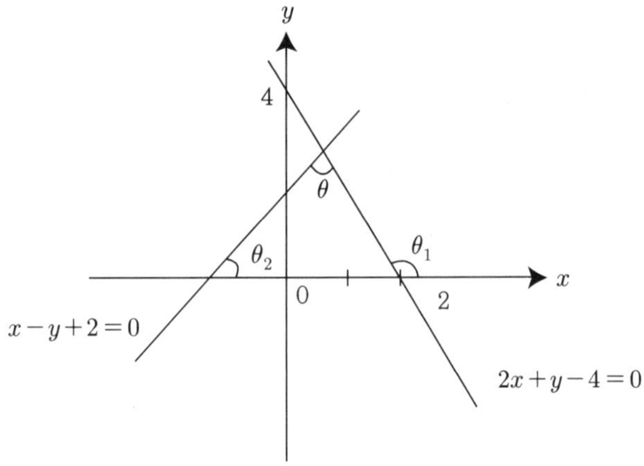

풀이 그림에서 $\theta=\theta_1-\theta_2$이고, $\tan\theta_1=-2$, $\tan\theta_2=1$이므로

$$\tan\theta=\tan(\theta_1-\theta_2)=\frac{\tan\theta_1-\tan\theta_2}{1+\tan\theta_1\tan\theta_2}$$

$$=\frac{-2-1}{1-2}=3$$

$$\therefore\ \theta=\tan^{-1}3 \fallingdotseq 1.25\,\mathrm{rad}$$

(2) 삼각함수 합성

$a\sin\theta+b\cos\theta$의 식을 $r\sin(\theta+\alpha)$의 형태로 변형하는 것을 삼각함수의 합성이라고 한다.

그림과 같이 동경 OP가 x축과 이루는 각을 α라고 하면

$$\cos\alpha=\frac{a}{\sqrt{a^2+b^2}},\quad \sin\alpha=\frac{b}{\sqrt{a^2+b^2}}$$

가 된다.

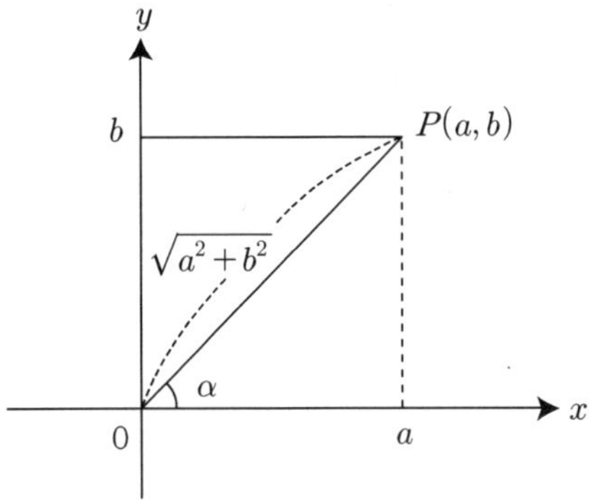

$$a\sin\theta + b\cos\theta = \sqrt{a^2+b^2}\left(\frac{a}{\sqrt{a^2+b^2}}\sin\theta + \frac{b}{\sqrt{a^2+b^2}}\cos\theta\right)$$

$$= \sqrt{a^2+b^2}(\cos\alpha\sin\theta + \sin\alpha\cos\theta)$$

$$= \sqrt{a^2+b^2}\sin(\theta+\alpha)$$

예제 $y = \sqrt{3}\sin x + \cos x + 2$의 식에서 y값의 범위를 구하여라.

풀이 $y - 2 = \sqrt{3}\sin x + \cos x$

$$= 2\left(\frac{\sqrt{3}}{2}\sin x + \frac{1}{2}\cos x\right)$$

$$= 2\left(\sin x\cos\frac{\pi}{6} + \cos x\sin\frac{\pi}{6}\right)$$

$$= 2\sin\left(x + \frac{\pi}{6}\right)$$

$-1 \leqq \sin\left(x + \frac{\pi}{6}\right) \leqq 1$이므로, $-2 \leqq y - 2 \leqq 2$

$\therefore\ 0 \leqq y \leqq 4$

(3) 배각의 공식

삼각함수의 덧셈정리 (2), (3), (5) 식에서 β 대신 α를 대입하면,

$$\cos 2\alpha = \cos(\alpha+\alpha) = \cos\alpha\cos\alpha - \sin\alpha\sin\alpha$$

$$= \cos^2\alpha - \sin^2\alpha$$

$$\sin 2\alpha = \sin(\alpha + \alpha) = \sin\alpha\cos\alpha + \cos\alpha\sin\alpha$$

$$= 2\sin\alpha\cos\alpha$$

$$\tan 2\alpha = \tan(\alpha + \alpha) = \frac{\tan\alpha + \tan\alpha}{1 - \tan\alpha\tan\alpha} = \frac{2\tan\alpha}{1 - \tan^2\alpha}$$

예제 다음 값을 구하여라. $\sin\alpha = \frac{1}{2}\left(단, 0 < \alpha < \frac{\pi}{2}\right)$

① $\sin 2\alpha$ ② $\cos 2\alpha$ ③ $\tan 2\alpha$

풀이

① $\sin 2\alpha = 2\sin\alpha\cos\alpha = 2 \times \frac{1}{2} \times \frac{\sqrt{3}}{2} = \frac{\sqrt{3}}{2}$

② $\cos 2\alpha = \cos^2\alpha - \sin^2\alpha = \left(\frac{\sqrt{3}}{2}\right)^2 - \left(\frac{1}{2}\right)^2 = \frac{1}{2}$

③ $\tan 2\alpha = \frac{\sin 2\alpha}{\cos 2\alpha} = \sqrt{3}$

(4) 반각의 공식

배각의 공식 $\cos 2\alpha = \cos^2\alpha - \sin^2\alpha$에 $\cos^2\alpha + \sin^2\alpha = 1$을 대입하여 정리하면,

$$\cos 2\alpha = \cos^2\alpha - (1 - \cos^2\alpha) = 2\cos^2\alpha - 1 \quad \cdots\cdots (1)$$

$$\cos 2\alpha = (1 - \sin^2\alpha) - \sin^2\alpha = 1 - 2\sin^2\alpha \quad \cdots\cdots (2)$$

식 (1)과 (2)로부터

$$\cos^2\alpha = \frac{1 + \cos 2\alpha}{2}$$

$$\sin^2\alpha = \frac{1 - \cos 2\alpha}{2}$$

$$\tan^2\alpha = \frac{\sin^2\alpha}{\cos^2\alpha} = \frac{1 - \cos 2\alpha}{1 + \cos 2\alpha}$$

위 식에서 α 대신 $\frac{\alpha}{2}$를 대입하면 다음과 같다.

$$\cos^2\frac{\alpha}{2}=\frac{1+\cos\alpha}{2}$$

$$\sin^2\frac{\alpha}{2}=\frac{1-\cos\alpha}{2}$$

$$\tan^2\frac{\alpha}{2}=\frac{1-\cos\alpha}{1+\cos\alpha}$$

예제 $\cos\alpha=-\frac{1}{2}$ (단, $\frac{\pi}{2}<\alpha<\pi$)일 때 다음을 구하여라.

① $\sin\frac{\alpha}{2}$　　　② $\cos\frac{\alpha}{2}$

풀이 $\sin^2\frac{\alpha}{2}=\frac{1-\cos\alpha}{2}=\frac{1-(-\frac{1}{2})}{2}=\frac{3}{4}$

$\cos^2\frac{\alpha}{2}=\frac{1+\cos\alpha}{2}=\frac{1+(-\frac{1}{2})}{2}=\frac{1}{4}$

그런데 $\frac{\pi}{2}<\alpha<\pi$이므로 $\frac{\pi}{4}<\frac{\alpha}{2}<\frac{\pi}{2}$

$\sin\frac{\alpha}{2}>0$,　$\cos\frac{\alpha}{2}>0$

① $\sin\frac{\alpha}{2}=\sqrt{\frac{3}{4}}=\frac{\sqrt{3}}{2}$

② $\cos\frac{\alpha}{2}=\sqrt{\frac{1}{4}}=\frac{1}{2}$

(5) 합과 곱에 대한 공식

삼각함수의 덧셈정리를 이용하여 사인, 코사인 함수의 곱을 합 또는 차의 형태로 나타내면,

$$\sin(\alpha+\beta)=\sin\alpha\,\cos\beta+\cos\alpha\,\sin\beta \quad \cdots\cdots ①$$

$$\sin(\alpha-\beta)=\sin\alpha\,\cos\beta-\cos\alpha\,\sin\beta \quad \cdots\cdots ②$$

①+②에서 $\sin(\alpha+\beta)+\sin(\alpha-\beta)=2\sin\alpha\,\cos\beta$

①−②에서 $\sin(\alpha+\beta)-\sin(\alpha-\beta)=2\cos\alpha\,\sin\beta$

따라서, $\sin\alpha\,\cos\beta=\frac{1}{2}\{\sin(\alpha+\beta)+\sin(\alpha-\beta)\}$

$$\cos\alpha\,\sin\beta=\frac{1}{2}\{\sin(\alpha+\beta)-\sin(\alpha-\beta)\}$$

같은 방법으로, 코사인 덧셈정리로부터 다음을 얻는다.

$$\mathrm{con}\alpha\,\cos\beta=\frac{1}{2}\{\cos(\alpha+\beta)+\cos(\alpha-\beta)\}$$

$$\sin\alpha\,\sin\beta=-\frac{1}{2}\{\cos(\alpha+\beta)-\cos(\alpha-\beta)\}$$

◈ 곱을 합 또는 차로 고치는 공식

① $\sin\alpha\,\cos\beta=\frac{1}{2}\{\sin(\alpha+\beta)+\sin(\alpha-\beta)\}$

② $\cos\alpha\,\sin\beta=\frac{1}{2}\{\sin(\alpha+\beta)-\sin(\alpha-\beta)\}$

③ $\cos\alpha\,\cos\beta=\frac{1}{2}\{\cos(\alpha+\beta)+\cos(\alpha-\beta)\}$

④ $\sin\alpha\,\sin\beta=-\frac{1}{2}\{\cos(\alpha+\beta)-\cos(\alpha-\beta)\}$

예제 다음 값을 구하여라.

① $\cos 75^\circ \sin 15^\circ$ ② $\sin 52.5^\circ \sin 7.5^\circ$

풀이 ① $\cos 75^\circ \sin 15^\circ = \frac{1}{2}\{\sin(75^\circ + 15^\circ) - \sin(75^\circ - 15^\circ)\}$

$$= \frac{1}{2}(\sin 90^\circ - \sin 60^\circ)$$

$$= \frac{1}{2}\left(1 - \frac{\sqrt{3}}{2}\right) = \left(\frac{2 - \sqrt{3}}{4}\right)$$

② $\sin 52.5^\circ \sin 7.5^\circ = -\frac{1}{2}\{\cos(52.5^\circ + 7.5^\circ) - \cos(52.5^\circ - 7.5^\circ)\}$

$$= -\frac{1}{2}(\cos 60^\circ - \cos 45^\circ)$$

$$= -\frac{1}{2}\left(\frac{1}{2} - \frac{\sqrt{2}}{2}\right) = \left(\frac{\sqrt{2} - 1}{4}\right)$$

합 또는 차의 식을 곱의 형태로 나타내어보자.

곱을 합 또는 차로 나타내는 공식에서 $\alpha + \beta = A$, $\alpha - \beta = B$로 놓으면 사인, 코사인 함수의 합 또는 차를 곱의 꼴로 나타낼 수 있다.

$\sin\alpha \cos\beta = \frac{1}{2}\{\sin(\alpha + \beta) + \sin(\alpha - \beta)\}$ 에서

$$\sin\frac{A+B}{2} \cos\frac{A-B}{2} = \frac{1}{2}(\sin A + \sin B)$$

$$\therefore \sin A + \sin B = 2\sin\frac{A+B}{2} \cos\frac{A-B}{2}$$

같은 방법으로 다음 공식을 얻을 수 있다.

◇ 합 또는 차를 곱으로 고치는 공식

① $\sin A + \sin\beta = 2\sin\frac{A+B}{2} \cos\frac{A-B}{2}$

② $\sin A - \sin\beta = 2\cos\frac{A+B}{2} \sin\frac{A-B}{2}$

③ $\cos A + \cos\beta = 2\cos\frac{A+B}{2} \cos\frac{A-B}{2}$

④ $\cos A - \cos\beta = -2\sin\frac{A+B}{2} \sin\frac{A-B}{2}$

4. 삼각 방정식

각의 크기가 미지수인 삼각함수를 포함한 방정식을 삼각방정식이라 한다. 이때 미지수의 값을 구하는 것을 삼각방정식을 푼다고 한다. 특정한 범위에서 구한 해를 특수해라 하고, 일반각으로 나타낸 해를 일반해라고 한다.

삼각방정식 $\sin x = \frac{1}{2}$의 해를 구하여 보자. 먼저, $0 \leqq x \leqq 2\pi$의 범위에서 방정식의 해는 그림에서 동경 OP가 나타내는 각 $\frac{\pi}{6}$와 동경 OQ가 나타내는 각 $\frac{5}{6}\pi$로서 이는 $\sin x = \frac{1}{2}$의 특수해이다.

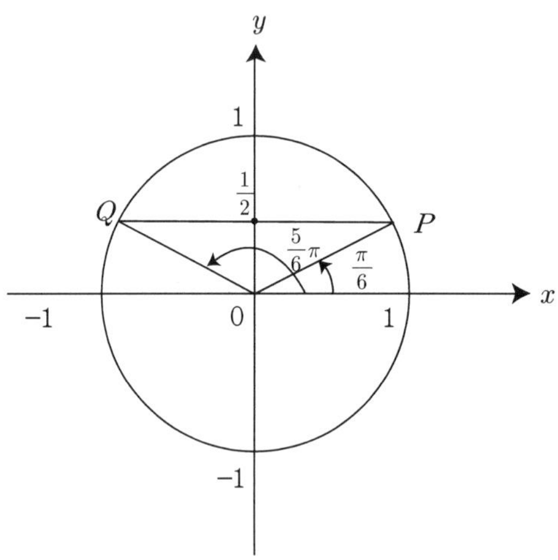

$$x = \frac{\pi}{6},\ \frac{5}{6}\pi$$

이 방정식의 일반해는 임의의 정수 n을 사용하여 다음과 같이 나타낸다.

$$x = 2n\pi + \frac{\pi}{6},\ x = 2n\pi + \frac{5}{6}\pi = (2n+1)\pi - \frac{\pi}{6}$$

위 식을 하나의 식으로 나타내면 다음과 같다.

$$x = n\pi + (-1)^n \frac{\pi}{6} \quad (\text{단, } n\text{은 정수})$$

일반적으로 $x = \alpha$일 때 일반해는

$$x = n\pi + (-1)^n \alpha$$

이다. 같은 방법으로 $\cos x = \ell$, $\tan x = \ell$의 일반해를 구할 수 있다.

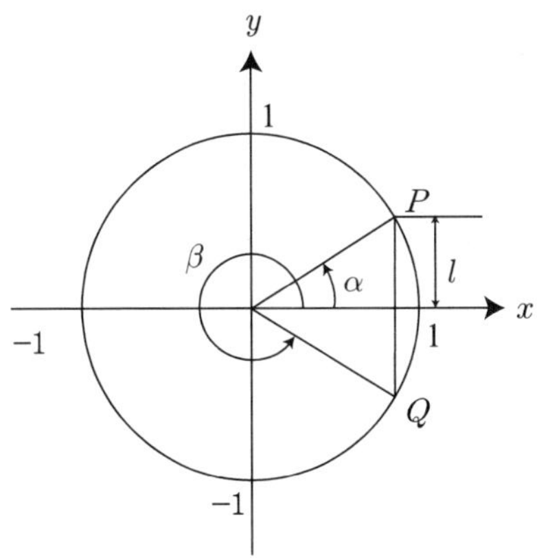

$\cos x = l$의 해

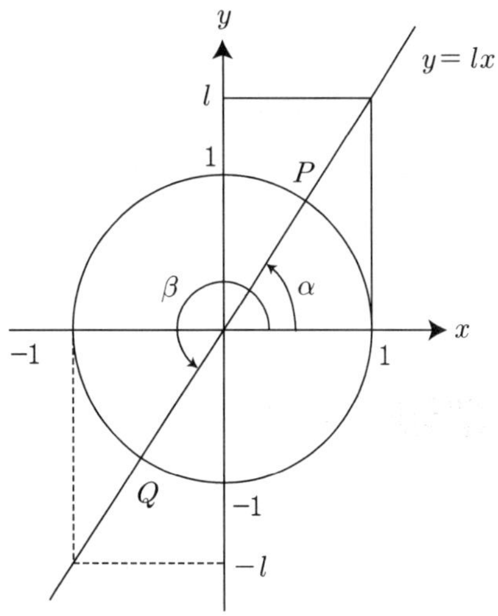

$\tan x = l$의 해

위 그림에서 $\cos x = \ell$와 $\tan x = \ell$의 일반해는 각각 다음과 같다.

$$x = 2n\pi \pm \alpha$$

$$x = n\pi + \alpha$$

◇ 삼각방정식의 일반해

삼각방정식의 한 특수해가 α이고 n이 정수일 때,

① $\sin x = \ell(|\ell| \leqq 1)$의 일반해는 $x = n\pi + (-1)^n \alpha$

② $\cos x = \ell(|\ell| \leqq 1)$의 일반해는 $x = 2n\pi \pm \alpha$

③ $\tan x = \ell$의 일반해는 $x = n\pi + \alpha$

예제 삼각방정식 $\cos x = \dfrac{\sqrt{3}}{2}$ 을 풀어라.

풀이 $\cos x = \dfrac{\sqrt{3}}{2}$ 의 특수해 중의 하나가 $x = \dfrac{\pi}{6}$ 이므로 구하는 해는 다음과 같다.

$$x = 2n\pi \pm \frac{\pi}{6} \quad (\text{단, } n\text{은 정수})$$

예제 삼각방정식 $\cos 2x + \cos x = 0$ 을 풀어라.

풀이 $\cos 2x = 2\cos^2 x - 1$ 이므로 주어진 방정식은

$2\cos^2 x + \cos x - 1 = (2\cos x - 1)(\cos x + 1) = 0$

$$\therefore \cos x = \frac{1}{2} \text{ 또는 } \cos x = -1$$

① $\cos x = \dfrac{1}{2}$ 의 하나의 특수해가 $x = \dfrac{\pi}{3}$ 이므로

$$\therefore x = 2n\pi \pm \frac{\pi}{3}$$

② $\cos x = -1$ 의 하나의 특수해가 $x = \pi$ 이므로

$$x = 2n\pi \pm \pi$$

여기서, $2n\pi + \pi$ 와 $2n\pi - \pi$ 는 같은 동경의 각이므로

$$\therefore x = 2n\pi + \pi$$

일반해는 $x = 2n\pi \pm \dfrac{\pi}{3}$ 또는 $x = 2n\pi + \pi$

(단, n은 정수)

Ⅳ 극한과 연속

1. 함수의 극한

함수의 $f(x)=x-1$에서 x가 3에 가까운 값을 가질 때 $f(x)$의 변화를 관찰하여 보자.

x	$f(x)$	x	$f(x)$
2	1	4	3
2.5	1.5	3.5	2.5
2.9	1.9	3.1	2.1
2.99	1.99	3.01	2.01
2.999	1.999	3.001	2.001
2.9999	1.999	3.0001	2.0001

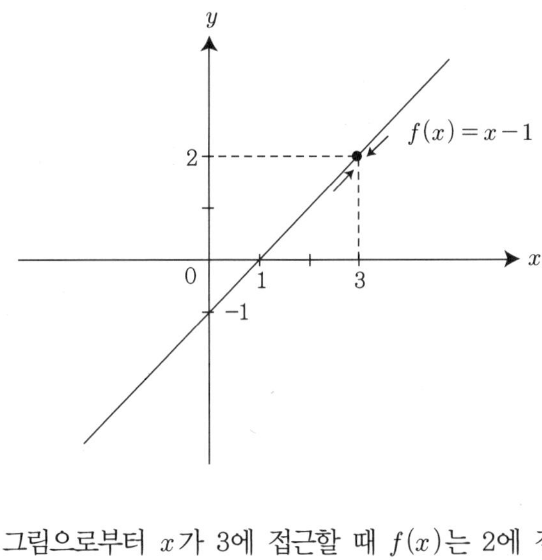

위 표와 그림으로부터 x가 3에 접근할 때 $f(x)$는 2에 접근함을 알 수 있다. x를 3에 한없이 가깝게 접근시키면 $f(x)$의 값도 한없이 2에 가까워진다.

이것은 기호로 "$x \to 3$일 때 $f(x)=2$" 또는 "$\lim_{x\to 3}(x-1)=2$" 로 나타낸다. 일반적으로 함수 $f(x)$에서 $x \to a$일 때 $f(x)=L$이면 이를 $\lim_{x\to a} f(x)=L$로 나타낸다.

(1) 좌극한값, 우극한값

위의 예에서 $\lim_{x\to 3}(x-1)=2$ 는 x가 3보다 작은 값을 가지면서 3에 접근하는 경우와 3보다 큰 값을 가지면서 3에 접근하는 경우를 살펴보았다. x의 값이 3보다 작은 값을 가지면서 3에 접근하는 경우는 "$x\to 3-0$" 또는 "$x\to 3^-$" 로 나타내고, 이때의 함수값 "$\lim_{x\to 3^-}(x-1)=2$ 를 좌극한값이라고 한다.

반대로 x의 값이 3보다 큰 값을 가지면서 3에 접근하는 경우는 "$x\to 3+0$" 또는 "$x\to 3^+$" 로 나타내고, 이때의 함수값 $\lim_{x\to 3^+}(x-1)=2$ 를 우극한값이라고 한다.

좌극한값과 우극한값이 동일한 경우에만 극한값이 존재한다.

$$\lim_{x\to a^-}f(x)=\lim_{x\to a^+}f(x)=a \Leftrightarrow \lim_{x\to a}f(x)=a$$

좌극한값과 우극한값이 같지 않은 경우가 있다.

예를 들어 함수 $f(x)=\dfrac{|x|}{x}$의 경우에 $x\to 0$일 때 $f(x)$의 값을 살펴보자.

$$\lim_{x\to 0^-}f(x)=\lim_{x\to 0^-}=\frac{|x|}{x}=\lim_{x\to 0^-}\frac{-x}{x}=\lim_{x\to 0^-}(-1)=-1$$

$$\lim_{x\to 0^+}f(x)=\lim_{x\to 0^+}=\frac{|x|}{x}=\lim_{x\to 0^+}=\frac{x}{x}=\lim_{x\to 0^+}(1)=1$$

따라서, $\lim_{x\to 0^-}f(x)\neq\lim_{x\to 0^+}f(x)$이므로 $x\to 0$일 때 $f(x)$의 극한값은 없다.

그림으로 살펴보면

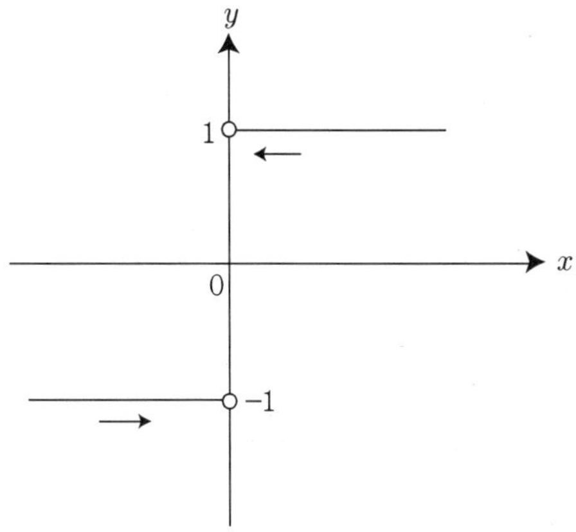

(2) 무한극한(함수의 발산)

함수 $f(x)=\dfrac{1}{x^2}$의 그래프에서 $x\to 0$일 때 $f(x)$의 값은 무한히 큰 값을 갖는다. 이때 $x\to 0$일 때 $f(x)$는 양의 무한대로 발산한다고 하며 "$x\to 0$일 때 $f(x)\to\infty$" 또는 "$\lim_{x\to 0} f(x)=\infty$"로 나타낸다.

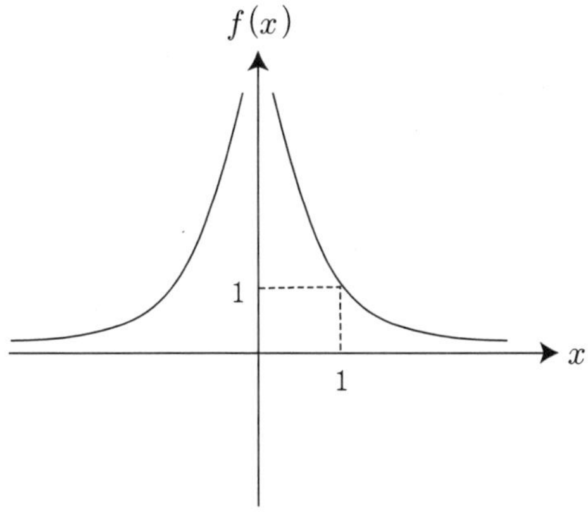

(3) 극한값의 계산

명제 "$x\to a$이면 $x\to a$이다"와 "$x\to a$이면 $c\to c$이다"는 항상 성립한다. 이를 극한 기호로 나타내면 다음과 같다.

$$\lim_{x \to a} x = a$$

$$\lim_{x \to a} c = c \text{(단, } c\text{는 상수)}$$

$\lim_{x \to a} f(x) = L$, $\lim_{x \to a} g(x) = M$ 이 존재하면 다음의 법칙들이 성립한다.

① $\lim_{x \to a} \{f(x) \pm g(x)\} = \mathrm{L} \pm \mathrm{M}$

② $\lim_{x \to a} cf(x) = \mathrm{cL}$ (단, c는 상수)

③ $\lim_{x \to a} f(x)\, g(x) = \mathrm{LM}$

④ $\lim_{x \to a} \dfrac{f(x)}{g(x)} = \dfrac{\mathrm{L}}{\mathrm{M}}$ (단, $\mathrm{M} \neq 0$)

···› 연습문제

4-1 다음의 극한을 구하여라.

(1) $\lim_{x \to 1^+} (3x+1)$

(2) $\lim_{x \to 3} \dfrac{x^2 - x - 6}{x - 3}$

(3) $\lim_{x \to 1} \sqrt{x+5}$

(4) $\lim_{x \to 1} \sin \dfrac{\pi x}{2}$

(5) $\lim_{x \to 0} \left(-\dfrac{1}{x^2}\right)$

(6) $\lim_{x \to 2} \dfrac{x^2 + 4x - 12}{x^2 - 3x + 2}$

2. 삼각함수의 극한

삼각함수의 극한은 지금까지 배운 삼각함수의 공식과 함수의 극한에 대한 성질을 이용하여 구할 수 있다.

예제 $\lim_{x\to 0}\frac{\sin 2x}{\sin x}$ 의 극한을 구하여라.

풀이 2배각 공식에 의하여 $\sin 2x = 2\sin x\cos x$ 이므로

$$\lim_{x\to 0}\frac{\sin 2x}{\sin x} = \lim_{x\to 0}\frac{2\sin x\cos x}{\sin x} = \lim_{x\to 0} 2\cos x$$
$$= 2$$

예제 $\lim_{x\to 0} x\sin\frac{1}{x}$ 의 극한을 구하여라.

풀이 $\left|\sin\frac{1}{x}\right| \leqq 1$ 이므로 $0 \leqq \left|x\sin\frac{1}{x}\right| \leqq |x|$ 이다.

또한 $\lim_{x\to 0}|x| = 0$ 이므로 $\lim_{x\to 0}\left|x\sin\frac{1}{x}\right| = 0$

따라서 $\lim_{x\to 0} x\cdot\sin\frac{1}{x} = 0$

(1) 삼각함수 극한의 기본

예제 $\lim_{x\to 0}\frac{\sin x}{x} = 1$ 임을 증명하여라.

풀이 ① $x > 0$ 인 경우

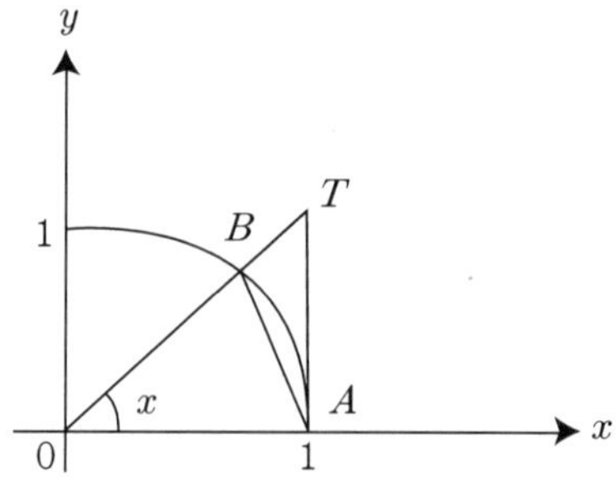

위 그림에서 Δ OAB < (부채꼴 OAB) < Δ OAT
따라서

$$\frac{1}{2}\sin x < \frac{1}{2}x < \frac{1}{2}\tan x$$

$$\therefore \sin x < x < \tan x$$

각 변을 $\sin x$로 나누면

$$1 < \frac{x}{\sin x} < \frac{1}{\cos x}$$

$$\therefore 1 > \frac{\sin x}{x} > \cos x$$

여기서 $x \to 0$일 때 $\cos x \to 1$이므로

$$\lim_{x \to 0}\frac{\sin x}{x} = 1$$

② $x < 0$인 경우
$x = -\theta$이라 하면

$$\lim_{x \to 0^-}\frac{\sin x}{x} = \lim_{\theta \to 0^+}\frac{\sin(-\theta)}{-\theta} = \lim_{\theta \to 0^+}\frac{\sin\theta}{\theta} = 1$$

따라서 $\lim_{x \to 0}\frac{\sin x}{x} = 1$

연습문제

4-2 다음을 구하여라.

① $\lim_{x \to 0} \frac{\sin 4x}{3x}$ ② $\lim_{x \to 0} \frac{\tan x}{x}$ ③ $\lim_{x \to 0} \frac{1-\cos x}{x}$

④ $\lim_{x \to 0} \frac{\sin^2 x}{x}$ ⑤ $\lim_{x \to 0} x^2 \sin \frac{1}{x}$

3. 지수함수와 로그함수의 극한

$a>0\,(a \neq 1)$의 실수 a에 대해 $y=a^x$의 형태로 주어지는 함수를 지수함수라고 한다.

일반적으로 지수함수의 그래프는 다음의 형태를 갖는다.

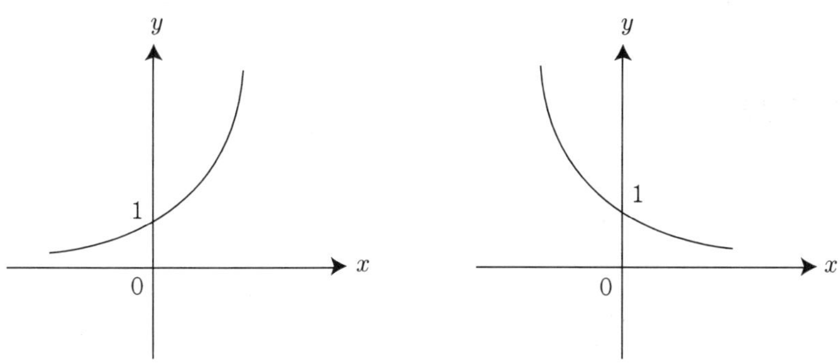

$y=a^x\,(a>1)$ $y=a^x\,(0<a<1)$

위 그래프로부터 지수함수의 극한 등은 다음과 같다.

$$a>1\text{이면} \quad \lim_{x \to \infty} a^x = \infty, \quad \lim_{x \to -\infty} a^x = 0$$

$$0<a<1\text{이면} \quad \lim_{x \to \infty} a^x = 0, \quad \lim_{x \to -\infty} a^x = \infty$$

지수함수 $y=a^x$의 역함수는 $x=a^y$가 된다. $x=a^y$의 함수의 양면에 밑수가 a인 로그를 취하면 $\log_a x = \log_a a^y = y$가 되므로 $y=a^x$와 $y=\log_a x$는 역함수 관계가 성립한다.

$y = \log_a x\,(a > 0,\ a \neq 1,\ x > 0)$의 그래프는 다음과 같다.

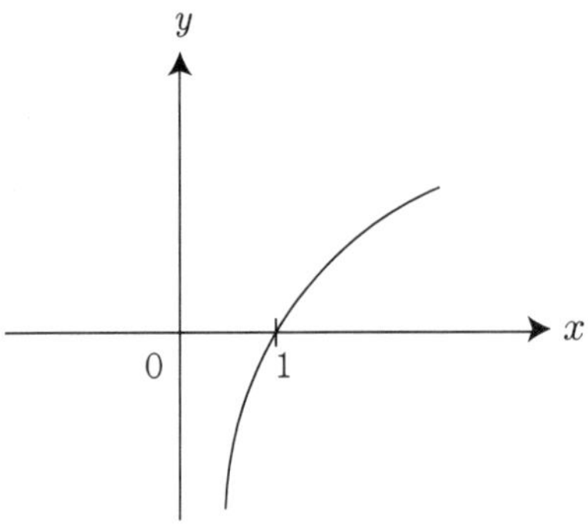

$y = \log_a x\,(a > 1)$

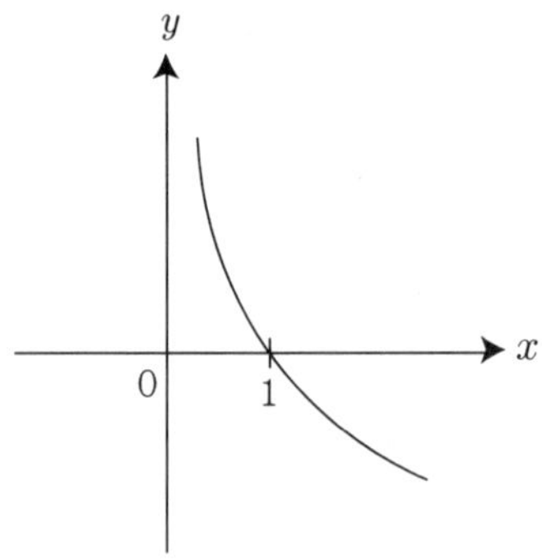

$y = \log_a x\,(0 < a < 1)$

위 그래프로부터 로그함수의 극한은 다음과 같다.

$$a > 1\text{이면 } \lim_{x\to\infty} \log_a x = \infty,\quad \lim_{x\to 0^+} \log_a x = -\infty$$

$$0 < a < 1\text{이면 } \lim_{x\to\infty} \log_a x = -\infty,\quad \lim_{x\to 0^+} \log_a x = \infty$$

(2) 극한값 e

$x \to 0$일 때, 함수 $y = (1+x)^{\frac{1}{x}}$의 극한값을 구하여 보자.

x	$(1+x)^{\frac{1}{x}}$	x	$(1+x)^{\frac{1}{x}}$
0.1	2.59374246	−0.1	2.59374246
0.001	2.71692393	−0.001	2.71692393
0.00001	2.71826824	−0.00001	2.71826824

이 표에서 x가 한없이 0에 가까워짐에 따라 $(1+x)^{\frac{1}{x}}$의 값이 어떤 일정한 값으로 수렴함을 알 수 있다.

$x \to 0$일 때 $(1+x)^{\frac{1}{x}}$의 극한값을 문자 e로 나타내고 자연상수라고 한다. 즉, $\lim_{x\to 0}(1+x)^{\frac{1}{x}} = e$이다.

또한 수열의 일반항 $a_n = \left(1+\dfrac{1}{n}\right)^n$ 으로 주어진 수열은 수렴한다. $n \to \infty$ 일 때 $\left(1+\dfrac{1}{n}\right)^n$ 의 값은 자연상수 e 의 값을 갖는다.

$\lim\limits_{n\to\infty}\left(1+\dfrac{1}{n}\right)^n$ 에서 $\dfrac{1}{n}=x$ 라 하면, $n\to\infty$ 일 때 $x\to 0$ 이므로

$\lim\limits_{n\to\infty}\left(1+\dfrac{1}{n}\right)^n = \lim\limits_{x\to 0}(1+x)^{\frac{1}{x}} = e$ 가 된다.

로그함수의 밑수를 자연상수 e 로 사용하면 자연현상을 표현하는 수식이 간편하게 된다. 밑수가 e 인 로그함수를 자연로그함수라고 하며, 다음과 같이 나타낸다.

$$\log_e x = \ln x$$

예제 $\lim\limits_{x\to\infty}\dfrac{2e^x}{e^x+2}$ 의 극한을 구하여라.

풀이 분자, 분모를 e^x 로 나누면

$$\lim_{x\to\infty}\frac{2}{1+\dfrac{2}{e^x}} = \frac{2}{1+\lim\limits_{x\to\infty}\dfrac{2}{e^x}} = 2$$

예제 $\lim\limits_{x\to 0}\dfrac{a^x-1}{x}\,(a>0,\ a\neq 1)$ 의 극한을 구하여라.

풀이 $a^x - 1 = z$ 로 치환하면 $a^x = 1+z$

$$\therefore\ x = \log_a(1+z)$$

또한 $x\to 0$ 일 때 $z\to 0$ 이므로

$$\lim_{x\to 0}\frac{a^x-1}{x}=\lim_{z\to 0}\frac{z}{\log_a(1+z)}=\lim_{z\to 0}\frac{1}{\frac{1}{z}\log_a(1+z)}$$

$$=\lim_{z\to 0}\frac{1}{\log_a(1+z)^{\frac{1}{z}}}=\frac{1}{\log_a e}$$

$$=\log_e a=\ln a$$

예제 $\lim_{x\to 0}\frac{\ln(1+x)}{\tan x}$의 극한을 구하여라.

풀이 $$\lim_{x\to 0}\frac{\ln(1+x)}{x}\frac{x}{\tan x}=\lim_{x\to 0}\ln(1+x)^{\frac{1}{x}}\frac{x\cos x}{\sin x}$$

$$=\lim_{x\to 0}\ln(1+x)^{\frac{1}{x}}\lim_{x\to 0}\frac{x}{\sin x}\cos x$$

$$=\ln e\cdot 1\cdot 1=1$$

연습문제

4-3 다음을 구하여라.

① $\lim_{x\to 0}(1+3x)^{\frac{1}{x}}$ ② $\lim_{x\to\infty}(1-\frac{3}{x})x$ ③ $\lim_{x\to 0}\frac{\log a(1+x)}{x}$

④ $\lim_{x\to 0}\frac{\ln(1+ax)}{x}$ ⑤ $\lim_{x\to\infty}\frac{e^x+e^{-x}}{e^x-e^{-x}}$

4. 함수의 연속성

함수 $y=f(x)$가 $x=a$에서 연속이기 위해서는 다음 조건을 모두 만족해야 한다.

① $f(a)$가 정의되어 있고

② $\lim_{x\to a} f(x)$가 존재하며

③ $\lim_{x\to a} f(x)=f(a)$

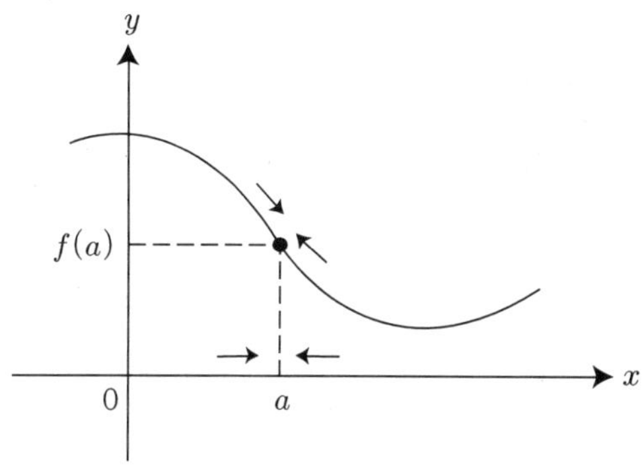

예제 $f(x)=x^2+x$는 $x=1$에서 연속인가?

풀이 ① $f(1)=2$

② $\lim_{x\to 1} f(x)=2$

③ $\lim_{x\to 1} f(x)=2=f(1)$ 이므로 연속이다.

예제 함수 $f(x)=\dfrac{x^2-x}{x-1}$은 구간 (0, 1)에서 연속인가?

풀이 ① $0<a<1$이면

$$f(a)=\frac{a^2-1}{a-1}=a+1$$

② $\lim_{x \to a} f(x) = \lim_{x \to a} \dfrac{x^2-1}{x-1} = \lim_{x \to a}(x+1) = a+1$

③ $\lim_{x \to a} f(x) = a+1 = f(a)$이므로 연속이다.

예제 $f(x) = \begin{cases} x\sin\dfrac{1}{x}, & x \neq 0 \\ 0 & x = 0 \end{cases}$ 은 $x=0$에서 연속인가?

풀이 ① $f(0)=0$

② $\lim_{x \to 0} x\sin\dfrac{1}{x} = 0$

③ $\lim_{x \to 0} f(x) = 0 = f(0)$이므로 연속이다.

예제 함수 $f(x) = \dfrac{1}{x}$은 $x=0$에서 연속인가?

풀이 $f(x)$는 $x=0$에서 정의되지 않으므로 불연속이다.

예제 $f(x) = \begin{cases} \sin\dfrac{1}{x}, & x \neq 0 \\ 0 & x = 0 \end{cases}$ 은 $x=0$에서 연속인가?

풀이 ① $f(0)=0$

② $\lim_{x \to 0} f(x) = \lim_{x \to 0} \sin\dfrac{1}{x}$는 존재하지 않는다.

따라서 위 함수는 불연속이다.

(1) 연속함수의 성질

두 함수 $f(x)$, $g(x)$가 $x=a$에서 모두 연속이면 다음 함수도 $x=a$에서 연속이다.

① $f(x) \pm g(x)$

② $cf(x)$ (c는 상수)

③ $f(x)g(x)$

④ $\dfrac{f(x)}{g(x)}$ (단, $g(x) \neq 0$)

예제 $f(x)=2x^2+x$, $g(x)=x-2$는 실수의 전 구간에서 연속이다. $f(x)g(x)$와 $\dfrac{f(x)}{g(x)}$가 연속이 되는 구간을 구하여라.

풀이 ① $f(x)g(x)=(2x^2+x)(x-2)$는 실수의 전 구간에서 연속이다.

② $\dfrac{f(x)}{g(x)}=\dfrac{2x^2+2}{x-2}$는 $g(x)=0$이 되는 $x=2$를 제외한 실수의 전 구간에서 연속이다.

예제 $u(x)=\dfrac{x}{x^2-1}$가 연속이 되는 구간을 구하여라.

풀이 모든 실수에 대해서 $f(x)=x$, $g(x)=x^2-1$은 연속이다. 또한 $x^2-1=(x+1)(x-1)$은 $x=-1$과 $x=1$에서 0이다. 따라서 $u(x)=\dfrac{x}{x^2-1}$은 $x=-1$과 $x=1$을 제외한 실수의 전 구간에서 연속이다.

(2) 연속함수의 최대값, 최소값

폐구간 $[a, b]$에서 연속인 함수 $f(x)$는 최대값과 최소값을 갖는다.

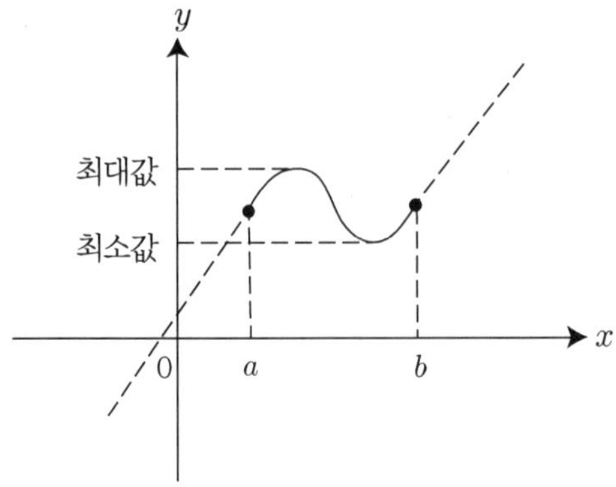

함수 $f(x)=x^2$은 폐구간 $[-2,\ 1]$에서 연속이고 $x=-2$일 때 최대값 4, $x=0$일 때 최소값 0을 갖는다. 그러나 개구간 $(-2,\ 1)$에서는 최대값을 갖지 않는다.

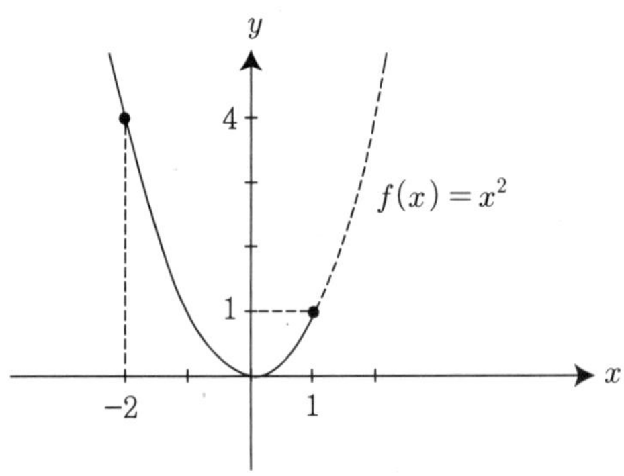

예제 구간 $[0,\ 3]$에서 함수 $f(x)=x^2-2x$의 최대값과 최소값을 구하여라.

풀이 $f(x)=x^2-2x$는 구간 $[0,\ 3]$에서 연속이므로, 이 구간에서 최대값과 최소값을 갖는다.

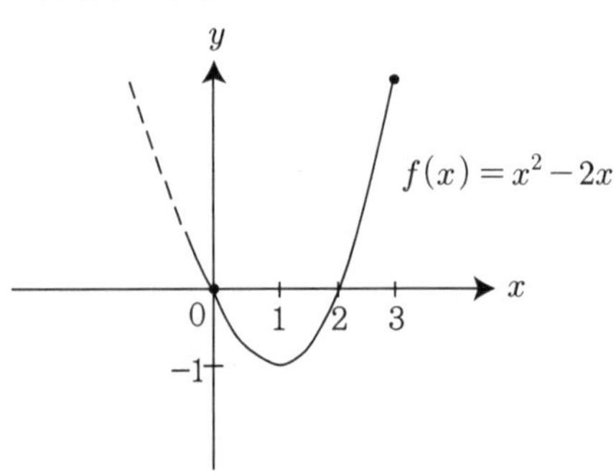

$f(x)=x^2-2x=(x-1)^2-1$이므로 $x=1$에서 최소값 −1을 갖는다.
또한 구간의 끝 $x=0$, $x=3$에서의 함수값은 $f(0)=0$, $f(3)=3$이므로 $x=3$에서 최대값 3을 갖는다.
따라서 최대값 = 3, 최소값 = −1

(3) 중간값의 정리

함수 $f(x)$가 폐구간 $[a, b]$에서 연속이고 $f(a) \neq f(b)$이면 $f(a)$와 $f(b)$의 사이의 임의값 k에 대하여 $f(c)=k$인 c가 a와 b 사이에 하나 이상 존재한다.

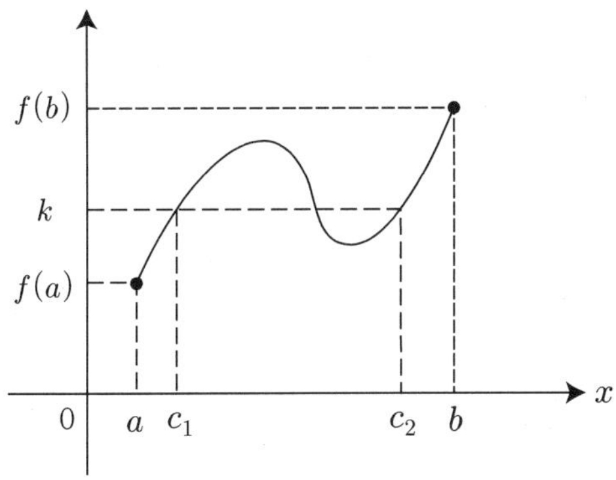

예제 함수 $f(x)=x^2+2x$의 구간 [−1, 2]에서 $f(c)=3$이 되는 c를 구하여라.

풀이 $f(x)$는 구간 [−1, 2]에서 연속이고 $f(-1)=-1$, $f(2)=8$이다. $f(c)=c^2+2c=3$을 만족하는 c는 1과 −3이다. 이 중에서 구간 [−1, 2]에 있는 c는 1이다.

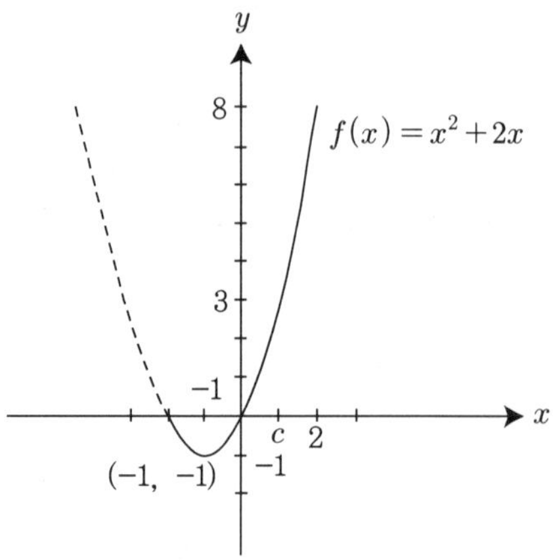

···› 연습문제

4-4 다음을 구하여라.

① $f(x) = \dfrac{x+2}{x^2 - 4x + 3}$가 연속이 되는 구간을 구하여라.

② 구간 [0, 3]에서 함수 $f(x) = -x^2 + 2x + 2$의 최대값과 최소값을 구하여라.

③ 방정식 $x^2 - 2x - 1 = 0$의 근이 1과 3 사이에 존재함을 증명하여라.

CHAPTER_ 03

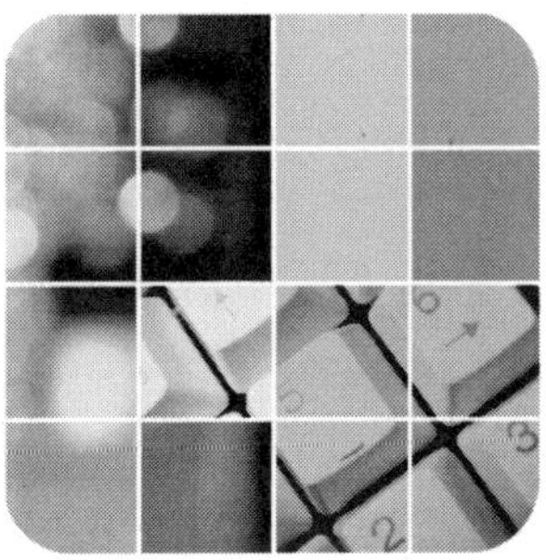

미분법

Ⅰ 대수적 함수의 미분법

Ⅱ 지수 · 로그 함수의 미분법

Ⅲ 삼각함수의 미분법

Ⅳ 도함수의 활용

●●● 도함수는 변화율로 생각할 수 있고, 이러한 해석은 많은 응용을 가능하게 한다. 도함수는 응용성이 넓기 때문에 물리학, 공학, 경제학과 생물학 등에서 순수수학과 같이 중요하다. 이 장에서는 대수적 함수, 지수로그함수, 삼각함수의 미분법과 도함수의 활용에 대하여 공부한다.

Ⅰ 대수적 함수의 미분법

그림과 같이 함수 $y=f(x)$에서 x의 값이 a에서 b까지 변할 때, 함수값 y는 $f(a)$에서 $f(b)$까지 변한다.

x값의 변화량 $b-a$를 x의 증분, y값의 변화량 $f(b)-f(a)$를 y의 증분이라 하고, 기호로 각각 Δx, Δy로 나타낸다.

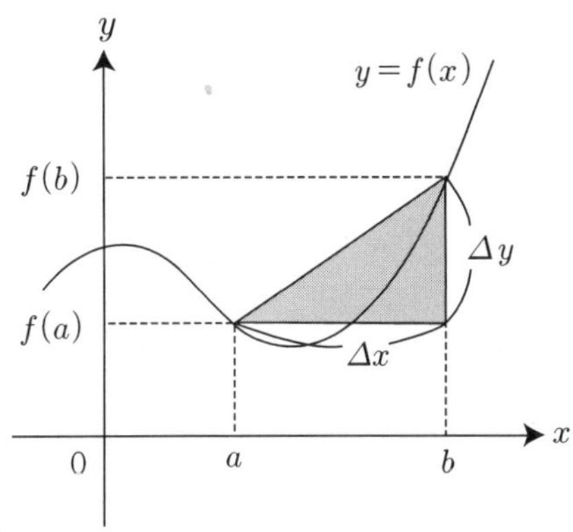

함수 $y=f(x)$에서 x의 증분 Δx에 대한 y의 증분 Δy의 비율

$$\frac{\Delta y}{\Delta x}=\frac{f(b)-f(a)}{b-a}=\frac{f(a+\Delta x)-f(a)}{\Delta x}$$

를 x의 값이 a에서 b까지 변할 때의 함수 $y=f(x)$의 평균변화율이라고 한다.

Δx가 0에 한없이 가까워질 때의 극한값

$$\lim_{\Delta x \to 0}\frac{\Delta y}{\Delta x}=\lim_{\Delta x \to 0}\frac{f(a+\Delta x)-f(a)}{\Delta x}$$

가 존재하면 함수 $y=f(x)$는 $x=a$에서 미분가능하다고 한다.

또한 이 극한값을 함수 $y=f(x)$의 $x=a$에서의 순간변화율 또는 미분계수라 하고, 기호로 $f'(a)$와 같이 나타낸다.

다시 정리하면 함수 $f(x)$의 $x=a$에서의 미분계수는

$$f'(a) = \lim_{\Delta x \to 0} \frac{f(a+\Delta x) - f(a)}{\Delta x}$$

이다. Δx 대신 h를 사용하거나 $a+\Delta x$를 x로 바꾸면 $f'(a)$는 다음과 같이 나타낼 수 있다.

$$f'(a) = \lim_{h \to 0} \frac{f(a+h) - f(a)}{h}$$

또는 $$f'(a) = \lim_{x \to a} \frac{f(x) - f(a)}{x-a}$$

$x=a$에서의 미분계수는 기하학적으로 살펴보면 다음 그림과 같은 점 $(a,\ f(a))$에서 접선의 기울기와 같음을 알 수 있다.

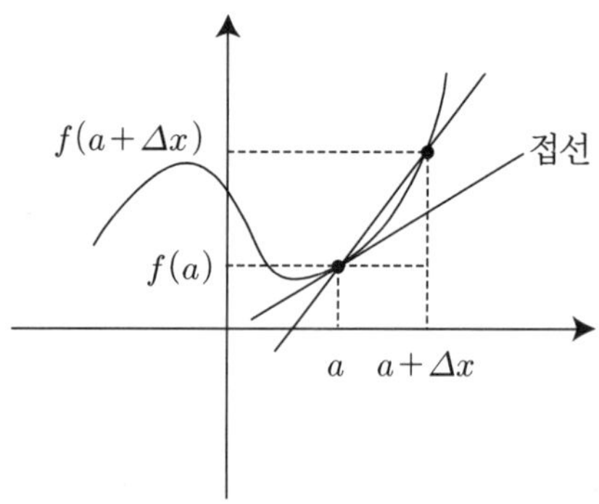

함수 $f(x)$가 정의역에 속하는 모든 x의 값에서 미분가능할 때, 정의역의 모든 x에 대하여 미분계수 $f'(x)$를 대응시키면 새로운 함수 $f'(x)$를 얻는다. 이 함수 $f'(x)$를 $f(x)$의 도함수라고 하며 $f'(x)$는 다음과 같다.

$$f'(x) = \lim_{h \to 0} \frac{f(x+h) - f(x)}{h}$$

함수 $y=f(x)$의 도함수를 나타내는 기호로는 다음과 같은 것들이 있다.

$$f'(x),\ y',\ \frac{dy}{dx},\ \frac{d}{dx}f(x)$$

예제 함수 $f(x)=x^2$일 때 $x=1$에서의 미분계수를 구하여라.

풀이

$$f'(1)=\lim_{\Delta x\to 0}\frac{f(1+\Delta x)-f(1)}{\Delta x}=\lim_{\Delta x\to 0}\frac{(1+\Delta x)^2-1^2}{\Delta x}$$

$$=\lim_{\Delta x\to 0}\frac{2\Delta x+(\Delta x)^2}{\Delta x}=\lim_{\Delta x\to 0}(2+\Delta x)=2$$

예제 함수 $f(x)=\sqrt{x}\,(x>0)$의 도함수를 구하여라.

풀이

$$f'(x)=\lim_{h\to 0}\frac{f(x+h)-f(x)}{h}=\lim_{h\to 0}\frac{\sqrt{x+h}-\sqrt{x}}{h}$$

$$=\lim_{h\to 0}\frac{(\sqrt{x+h}-\sqrt{x})(\sqrt{x+h}+\sqrt{x})}{h(\sqrt{x+h}+\sqrt{x})}=\lim_{h\to 0}\frac{(x+h)-x}{h(\sqrt{x+h}+\sqrt{x})}$$

$$=\lim_{h\to 0}\frac{h}{h(\sqrt{x+h}+\sqrt{x})}=\lim_{h\to 0}\frac{1}{\sqrt{x+h}+\sqrt{x}}=\frac{1}{2\sqrt{x}}$$

함수 $f(x)$가 정의역 내의 모든 점에서 미분가능할 때 함수 f를 미분가능 함수라고 한다.

▶▶▶ 정리 1

함수 $f(x)$가 정의역 $x=a$에서 미분가능하면 그 점에서 연속이다.

즉 $$\lim_{x\to a} f(x)=f(a)$$

증명 $\lim_{x\to a}f(x)=f(a)$ 즉, $\lim_{x\to a}(f(x)-f(a))=0$임을 보이면 된다.

가정에서 $f'(a)$가 존재하므로

$$\lim_{x\to a}(f(x)-f(a))=\lim_{x\to a}\frac{f(x)-f(a)}{x-a}(x-a)$$

$$\lim_{x\to a}\frac{f(x)-f(a)}{x-a}\cdot\lim_{x\to a}(x-a)$$

$$=f'(a)\cdot 0$$

$$=0$$

이다.

일반적으로 위 정리의 역은 성립하지 않는다. 그 예를 들어 보자.

예제 $f(x)=|x|$는 $x=0$에서 연속이지만 미분가능하지 않다.

풀이 $\lim_{x\to 0}|x|=|0|$이므로 $x=0$에서 $f(x)$는 연속이다.

$$f'(0)=\lim_{x\to 0}\frac{f(x)-f(0)}{x-0}=\lim_{x\to 0}\frac{|x|}{x}$$

그런데 $\lim_{x\to 0^+}\frac{|x|}{x}=1$, $\lim_{x\to 0^-}\frac{|x|}{x}=-1$이므로 $f'(0)$이 존재하지 않는다.

즉, $x=0$에서 $f(x)$는 미분가능하지 않다.

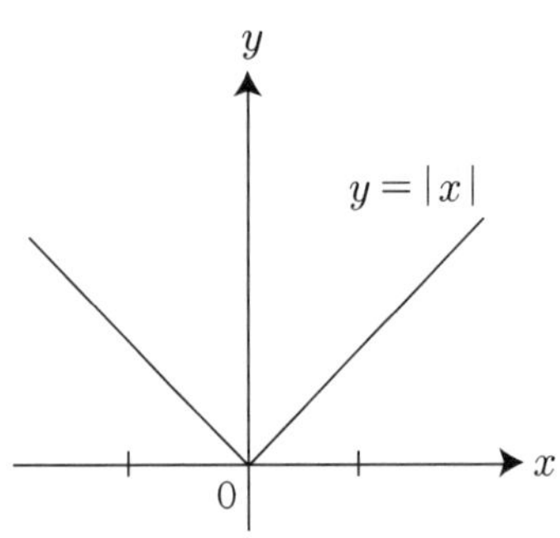

함수의 도함수를 구하는 것을 그 함수를 미분한다고 하며, 여러 가지 함수를 미분하는 방법을 미분법이라 한다.

주어진 함수의 도함수를 구할 때에 직접 도함수의 정의를 사용하여 구하는 것은 매우 번거로운 일이다. 그래서 좀더 효과적으로 도함수를 구하기 위하여 몇 가지 정리를 증명하고, 그 결과를 미분공식으로 하여 이용한다.

▶▶▶ 정리 2

$f(x)=c$(상수함수)이면 $f'(x)=0$이다.

증명 도함수의 정의에 의하여

$$f'(x)=\lim_{h\to 0}\frac{f(x+h)-f(x)}{h}=\lim_{h\to 0}\frac{c-c}{h}=\lim_{h\to 0}0=0$$

이다.

▶▶▶ 정리 3

$f(x)=x^n$(n은 자연수)이면 $f'(x)=nx^{n-1}$이다.

증명 도함수의 정의에 의하여

$$f'(x)=\lim_{h\to 0}\frac{f(x+h)-f(x)}{h}=\lim_{h\to 0}\frac{(x+h)^n-x^n}{h}$$

을 구하자. $x+h=t$라고 하면

$$(x+h)^n-x^n=t^n-x^n=(t-x)\left(t^{n-1}+t^{n-2}x+\cdots+tx^{n-2}+x^{n-1}\right)$$

이며 $h=t-x$에서 h가 0에 한없이 가까워지면 t는 x에 한없이 가까워지므로

$$\begin{aligned}f'(x)&=\lim_{h\to 0}\frac{(x+h)^n-x^n}{h}\\&=\lim_{t\to x}\frac{(t-x)(t^{n-1}+t^{n-2}x+\cdots+tx^{n-2}+x^{n-1})}{t-x}\end{aligned}$$

$$= \lim_{t \to x}(t^{n-1} + t^{n-2}x + \cdots + tx^{n-2} + x^{n-1})$$

$$= nx^{n-1}$$

이다.

◈ **상수함수와 x^n의 미분공식**

(1) $f(x) = c$ (c는 상수)이면 $f'(x) = 0$

(2) $f(x) = x^n$ (n은 자연수)이면 $f'(x) = nx^{n-1}$

예제 다음 함수의 도함수를 구하여라.

① $f(x) = 5$　　　　② $g(x) = x^{10}$

풀이 ① $f(x) = 5$이면 $f'(x) = 0$

② $g(x) = x^{10}$이면 $g'(x) = 10x^{10-1} = 10x^9$

▸▸▸ 정리 4

함수 $f(x)$가 미분가능할 때 함수 $cf(x)$ (c는 상수)의 도함수는 다음과 같다.

$$\{cf(x)\}' = cf'(x)$$

증명 $g(x) = cf(x)$라 하면

$$g'(x) = \lim_{h \to 0}\frac{g(x+h) - g(x)}{h} = \lim_{h \to 0}\frac{cf(x+h) - cf(x)}{h}$$

$$= \lim_{h \to 0}\frac{c\{f(x+h) - f(x)\}}{h} = c\lim_{h \to 0}\frac{f(x+h) - f(x)}{h}$$

이다.

▸▸▸ 정리 5

함수 $f(x)$와 $g(x)$가 미분가능할 때 함수 $f(x)+g(x)$의 도함수는 다음과 같다.

$$\{f(x)+g(x)\}' = f'(x)+g'(x)$$

증명 $F(x)=f(x)+g(x)$라 하면

$$\begin{aligned} F'(x) &= \lim_{h\to 0}\frac{F(x+h)-F(x)}{h} \\ &= \lim_{h\to 0}\frac{\{f(x+h)+g(x+h)\}-\{f(x)+g(x)\}}{h} \\ &= \lim_{h\to 0}\frac{\{f(x+h)-f(x)\}+\{g(x+h)-g(x)\}}{h} \\ &= \lim_{h\to 0}\frac{f(x+h)-f(x)}{h}+\lim_{h\to 0}\frac{g(x+h)-g(x)}{h} \\ &= f'(x)+g'(x) \end{aligned}$$

$f(x)-g(x)=f(x)+(-1)g(x)$에 대하여 앞의 수식들을 이용하면 다음을 얻을 수 있다.

$$\{f(x)-g(x)\}' = f'(x)-g'(x)$$

미분가능한 함수 $f_1(x)$, $f_2(x)$, $\cdots$, $f_n(x)$에 대하여 (정리 5)를 확장하면 다음과 같다.

$$\{f_1(x)+f_2(x)+\cdots+f_n(x)\}' = f'_1(x)+f'_2(x)+\cdots+f'_n(x)$$

◇ 함수의 실수배, 합, 차의 미분공식

미분가능한 두 함수 $f(x)$, $g(x)$에 대하여

① $\{cf(x)\}' = cf'(x)$ (단, c는 상수)

② $\{f(x)+g(x)\}' = f'(x)+g'(x)$

③ $\{f(x)-g(x)\}' = f'(x)-g'(x)$

예제 다음 함수의 도함수를 구하여라.

① $f(x)=4x^3$ ② $g(x)=3x^2+2x$ ③ $h(x)=-x^2+5x-2$

풀이 ① $f'(x)=4(x^3)'=4\cdot 3x^2=12x^2$

② $g'(x)=(3x^2)'+(2x)'=3(x^2)'+2x'=6x+2$

③ $h'(x)=(-x^2)'+(5x)'-2'=-2x+5$

▶▶▶ 정리 6

함수 $f(x)$와 $g(x)$가 미분가능할 때 함수 $f(x)g(x)$의 도함수는 다음과 같다.

$$\{f(x)g(x)\}'=f'(x)g(x)+f(x)g'(x)$$

증명 $F(x)=f(x)g(x)$라 하면

$$\begin{aligned}F'(x)&=\lim_{h\to 0}\frac{F(x+h)-F(x)}{h}\\&=\lim_{h\to 0}\frac{f(x+h)g(x+h)-f(x)g(x)}{h}\\&=\lim_{h\to 0}\frac{\{f(x+h)-f(x)\}g(x+h)+f(x)\{g(x+h)-g(x)\}}{h}\\&=\lim_{h\to 0}\frac{f(x+h)-f(x)}{h}\cdot\lim_{h\to 0}g(x+h)+\lim_{h\to 0}f(x)\cdot\lim_{h\to 0}\frac{g(x+h)-g(x)}{h}\\&=f'(x)g(x)+f(x)g'(x)\end{aligned}$$

(미분가능한 함수 $g(x)$는 연속이므로 $\lim_{h\to 0}g(x+h)=\lim_{x+h\to x}g(x+h)=g(x)$이다.)
이다.

▶▶▶ 정리 7

함수 $f(x)$와 $g(x)$가 미분가능할 때 함수 $\dfrac{f(x)}{g(x)}$ $(g(x) \neq 0)$의 도함수는 다음과 같다.

$$\left\{\frac{f(x)}{g(x)}\right\}' = \frac{f'(x)g(x) - f(x)g'(x)}{\{g(x)\}^2}$$

증명 $F(x) = \dfrac{f(x)}{g(x)}$라 하면

$$F(x+h) - F(x) = \frac{f(x+h)}{g(x+h)} - \frac{f(x)}{g(x)}$$

$$= \frac{f(x+h)g(x) - f(x)g(x+h)}{g(x+h)g(x)}$$

$$= \frac{\{f(x+h) - f(x)\}g(x) - f(x)\{g(x+h) - g(x)\}}{g(x+h)g(x)}$$

이다. 따라서

$$F'(x) = \lim_{h\to 0}\frac{F(x+h) - F(x)}{h}$$

$$= \lim_{h\to 0}\frac{\dfrac{f(x+h) - f(x)}{h}\cdot g(x) - f(x)\dfrac{g(x+h) - g(x)}{h}}{g(x+h)g(x)}$$

$$= \frac{\lim\limits_{h\to 0}\dfrac{f(x+h) - f(x)}{h}\cdot g(x) - f(x)\cdot\lim\limits_{h\to 0}\dfrac{g(x+h) - g(x)}{h}}{\lim\limits_{h\to 0} g(x+h)g(x)}$$

$$= \frac{f'(x)g(x) - f(x)g'(x)}{\{g(x)\}^2}$$

이다.

정리 7에서 $f(x) = 1$이면 $f'(x) = 0$이므로

$\left\{\dfrac{1}{g(x)}\right\}' = -\dfrac{g'(x)}{\{g(x)\}^2}$ 임을 알 수 있다.

함수의 곱, 몫의 미분공식

미분가능한 두 함수 $f(x)$, $g(x)$에 대하여

① $\{f(x)g(x)\}' = f'(x)g(x) + f(x)g'(x)$

② $\left\{\dfrac{f(x)}{g(x)}\right\}' = \dfrac{f'(x)g(x) - f(x)g'(x)}{\{g(x)\}^2} \quad (g(x) \neq 0)$

예제 다음 함수의 도함수를 구하여라.

① $f(x) = (x^2+x)(x-2)$ ② $g(x) = \dfrac{x}{x^2+1}$ ③ $h(x) = \dfrac{1}{3x+2}$

풀이 ① $f'(x) = (x^2+x)'(x-2) + (x^2+x)(x-2)'$

$= (2x+1)(x-2) + (x^2+x)$

② $g'(x) = \dfrac{x'(x^2+1) - x(x^2+1)'}{(x^2+1)^2} = \dfrac{x^2+1-x(2x)}{(x^2+1)^2} = \dfrac{-x^2+1}{(x^2+1)^2}$

③ $h'(x) = -\dfrac{(3x+2)'}{(3x+2)^2} = -\dfrac{3}{(3x+2)^2}$

미분가능한 함수 $f(x)$, $g(x)$, $h(x)$에 대하여 정리 6을 이용하면 다음을 얻을 수 있다.

$$\{f(x)g(x)h(x)\}' = f'(x)g(x)h(x) + f(x)g'(x)h(x) + f(x)g(x)h'(x)$$

예제 $f(x) = (4x+3)(3x+2)(2x+1)$의 도함수를 구하여라.

풀이 $f'(x) = (4x+3)'(3x+2)(2x+1) + (4x+3)(3x+2)'$

$(2x+1) + (4x+3)(3x+2)(2x+1)'$

$= 4(3x+2)(2x+1) + 3(4x+3)(2x+1) + 2(4x+3)(3x+2)$

$= 72x^2 + 92x + 29$

▶▶▶ 정리 8

n이 정수일 때 $f(x) = x^n$이면 $f'(x) = nx^{n-1}$이다.

증명 (a) $n > 0$인 경우는 정리 3에서 보였다.

(b) $n = 0$인 경우는

$$f'(x) = \left(x^0\right)' = 1' = 0 = 0 \cdot x^{0-1}$$

(c) $n < 0$인 경우를 보이자.

$m = -n$으로 놓으면 $m > 0$이다.

$$f(x) = x^n = x^{-m} = \frac{1}{x^m}$$

이므로

$$f'(x) = \left\{\frac{1}{x^m}\right\}' = \frac{-\{x^m\}'}{x^{2m}} = \frac{-mx^{m-1}}{x^{2m}} = -mx^{-m-1} = nx^{n-1}$$

이다.

◇ n이 정수일 때 x^n의 미분공식

$f(x) = x^n$(n은 정수)이면 $f'(x) = nx^{n-1}$

예제 $f(x)=2x^{-3}$의 도함수를 구하여라.

풀이 $f'(x)=2(x^{-3})'=2\cdot(-3)x^{(-3)-1}=-6x^{-4}$

두함수 $y=f(u)$, $u=g(x)$가 미분가능할 때, 합성함수

$$y=f(g(x))$$

의 도함수를 구하여 보자.

x의 증분 Δx에 대한 u의 증분을 Δu, u의 증분 Δu에 대한 y의 증분을 Δy라 하면

$$\Delta u=g(x+\Delta x)-g(x)\cdots\cdots(*)$$

$$\Delta y=f(u+\Delta u)-f(u)$$

$$\frac{\Delta y}{\Delta x}=\frac{\Delta y}{\Delta u}\cdot\frac{\Delta u}{\Delta x}$$

$u=g(x)$, $y=f(u)$는 미분 가능하므로

$$\lim_{\Delta x\to 0}\frac{\Delta u}{\Delta x}=\frac{du}{dx}=g'(x),\quad \lim_{\Delta x\to 0}\frac{\Delta y}{\Delta u}=\frac{dy}{du}=f'(u)$$

여기서 $u=g(x)$는 미분가능하므로 연속이다. 따라서 (*)에서 $\Delta x\to 0$일 때 $\Delta u\to 0$이다. 그러므로

$$\frac{dy}{dx}=\lim_{\Delta x\to 0}\frac{\Delta y}{\Delta x}=\lim_{\Delta x\to 0}\left(\frac{\Delta y}{\Delta u}\cdot\frac{\Delta u}{\Delta x}\right)$$

$$=\lim_{\Delta x\to 0}\frac{\Delta y}{\Delta u}\cdot\lim_{\Delta x\to 0}\frac{\Delta u}{\Delta x}=\frac{dy}{du}\cdot\frac{du}{dx}=f'(u)g'(x)=f'(g(x))g'(x)$$

◇ 합성함수의 미분공식 (연쇄법칙)

$y=f(u)$, $u=g(x)$가 미분가능할 때,

합성함수 $y=f(g(x))$의 도함수는 $\dfrac{dy}{dx}=\dfrac{dy}{du}\cdot\dfrac{du}{dx}=f'(g(x))g'(x)$

예제 다음의 도함수를 구하여라.

① $y=(2x-3)^2$ ② $y=\dfrac{1}{(1-x^2)^3}$

풀이 ① $u=2x-3$으로 놓으면 $y=u^2$이다.

$$\frac{dy}{dx}=\frac{dy}{du}\cdot\frac{du}{dx}=2u\cdot 2=4u=4(2x-3).$$

② $u=1-x^2$으로 놓으면 $y=\dfrac{1}{u^3}=u^{-3}$이다.

$$\frac{dy}{dx}=\frac{dy}{du}\frac{du}{dx}=(-3)u^{-4}\cdot(-2x)=6x\cdot\frac{1}{u^4}$$
$$=\frac{6x}{(1-x^2)^4}$$

x, y의 함수관계가 변수 t를 매개로 하여

$$x=f(t),\ y=g(t)$$

인 꼴로 나타낼 때, 변수 t를 매개변수라 한다.

함수 $x=f(t)$, $y=g(t)$가 미분가능하고, y를 x에 관한 함수로 쓴 $y=F(x)$도 미분가능하다고 하자. 그러면

$$g(t)=y=F(x)=F(f(t))$$

이므로 합성함수미분법(연쇄법칙)에 의하여

$$g'(t)=F'(f(t))f'(t)$$
$$=F'(x)f'(t)$$

이다. $f'(x)\neq 0$이면

$$\frac{dy}{dx}=F'(x)=\frac{g'(t)}{f'(t)}$$

를 얻는다.

◈ 매개변수로 나타낸 함수의 미분법

$x=f(t)$, $y=g(t)$가 t에 대하여 미분가능하고,

$f'(t)\neq 0$이면 $\dfrac{dy}{dx}=\dfrac{\frac{dy}{dt}}{\frac{dx}{dt}}=\dfrac{g'(t)}{f'(t)}$

예제 함수 $x=2t-1$, $y=2t^2+1$에 대하여 도함수 $\dfrac{dy}{dx}$를 구하여라.

풀이 $\dfrac{dy}{dx}=\dfrac{\frac{dy}{dt}}{\frac{dx}{dt}}=\dfrac{4t}{2}=2t=x+1$

함수 $f(x)$가 어떤 정의역 D에서

$$y=f(x)$$

와 같이 나타낸 것을 양함수라고 한다.

그러나 어떤 함수는 이와 같이 나타낼 수 없는 경우가 있다. $g(x,\ y)=0$을 대응규칙으로 하는 함수 f가 정의된다고 하자. 이때

$$g(x,\ y)=0$$

을 함수 f를 음적으로 정의한다고 하며 음함수라 한다.

음함수의 예를 들어보자.

$$x^2+y^2-1=0$$

을 대응규칙으로 하는 것은 함수가 아님을 그래프에 의하여 쉽게 알 수 있다. 그러나

$X=[-1,\ 1]$, $Y=[0,\ 1]$로 정해주면

$$f : X \to Y,\ f(x) = \sqrt{1-x^2}$$

은 $x^2+y^2-1=0$을 대응규칙으로 하는 함수가 된다.

따라서 $x^2+y^2-1=0$은 함수 f를 음적으로 정의한다.

즉 $x^2+y^2-1=0$은 음함수이다.

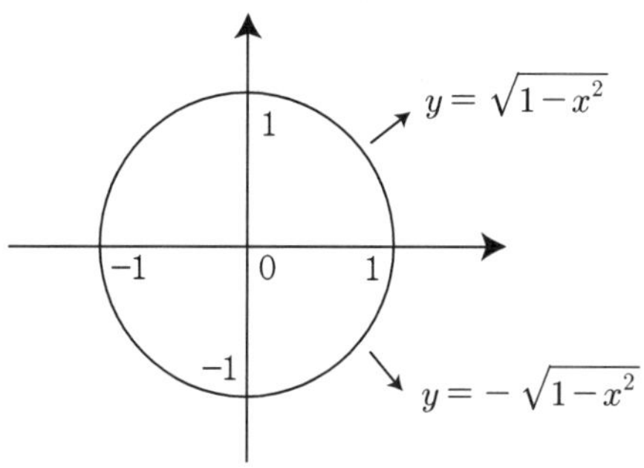

음함수 $g(x,\ y)=0$에서 함수 $\dfrac{dy}{dx}$는 y를 x로 나타내지 않고서도 구할 수 있다.

y를 x의 함수로 생각하고, 주어진 음함수의 양변을 x에 관하여 미분한 다음 $\dfrac{dy}{dx}$를 구한다. 이와 같은 미분법을 음함수 미분법이라 한다.

예제 다음 음함수의 도함수 $\dfrac{dy}{dx}$를 구하여라.

① $x^3+y^3-xy=0$ ② $x^2+y^2=2^2$

풀이 ① y를 x의 함수로 보고, 각 항을 x에 대하여 미분하면

$$3x^2+3y^2\cdot\frac{dy}{dx}-\left(y+x\cdot\frac{dy}{dx}\right)=0$$

$$(3y^2-x)\frac{dy}{dx}=y-3x^2$$

$$\frac{dy}{dx}=\frac{y-3x^2}{3y^2+x}\quad(3y^2-x\neq0)$$

② $2x+2y\cdot\dfrac{dy}{dx}=0$

$$\frac{dy}{dx}=-\frac{x}{y} \quad (y\neq 0).$$

▸▸▸ 정리 9

n이 유리수일 때 $y=x^n$이면 $y'=nx^{n-1}$이다.

증명 $n=\dfrac{p}{q}$ (p, q는 정수, $q\neq 0$)라 하면, $y=x^n=x^{\frac{p}{q}}$이므로 $y^q=x^p$ 이다. 양변을 x에 관하여 미분하면, p, q는 정수이므로 $qy^{q-1}\cdot y'=px^{p-1}$ 이다. 그러므로

$$\begin{aligned} y' &= \frac{px^{p-1}}{qy^{q-1}}=\frac{p}{q}\frac{x^{p-1}}{(x^{\frac{p}{q}})^{q-1}}=\frac{p}{q}x^{p-1-\frac{p}{q}(q-1)} \\ &= \frac{p}{q}x^{\frac{p}{q}-1} \\ &= nx^{n-1} \end{aligned}$$

◇ n이 유리수일 때 x^n의 미분공식

$y=x^n$ (n은 유리수)이면 $y'=nx^{n-1}$

미분가능한 함수 $y=f(x)$의 역함수 $f^{-1}(x)$가 존재하고 미분가능할 때 $y=f^{-1}(x)$의 도함수를 알아보자.

$$y=f^{-1}(x) \text{이면 } x=f(y)$$

이므로 $x=f(y)$의 양변을 x에 대하여 미분하면

$$1=f'(y)\cdot\frac{dy}{dx}$$

따라서, $f'(y) \neq 0$이면 $\dfrac{dy}{dx} = \dfrac{1}{f'(y)} = \dfrac{1}{\dfrac{dx}{dy}}$이다.

> **◇ 역함수의 미분법**
>
> 함수 $y = f(x)$가 미분가능하고, 그 역함수가 존재할 때, $\dfrac{dx}{dy} \neq 0$이면
>
> $$\frac{dy}{dx} = \frac{1}{\dfrac{dx}{dy}}$$

예제 역함수의 미분법을 이용하여 $x = y^2$에 대하여 $\dfrac{dy}{dx}$를 구하여라.

풀이 $x = y^2$의 양변을 y에 대하여 미분하면 $\dfrac{dx}{dy} = 2y$이다. 따라서

$\dfrac{dy}{dx} = \dfrac{1}{\dfrac{dx}{dy}} = \dfrac{1}{2y} = \dfrac{1}{2\sqrt{x}}$이다.

함수 $y = f(x)$의 도함수 $f'(x)$가 미분가능할 때, $f'(x)$의 도함수

$$f''(x) = \lim_{h \to 0} \frac{f'(x+h) - f'(x)}{h}$$

를 $f(x)$의 2계 도함수라 한다. 2계 도함수를 나타내는 기호로는 다음과 같은 것들이 있다.

$$f''(x),\ y'',\ \frac{d^2y}{dx^2},\ \frac{d^2}{dx^2}f(x)$$

양의 정수 $n \geq 3$에 대하여 $f(x)$의 n계 도함수 $f^{(n)}(x)$를 같은 방법으로 정의한다. 즉,

$$f^{(n)}(x)=\lim_{h\to 0}\frac{f^{(n-1)}(x+h)-f^{(n-1)}(x)}{h}$$

이다.

예제 $f(x)=x^5-3x^4+2x-1$의 2계 도함수를 구하여라.

풀이 $f'(x)=5x^4-12x^3+2$

$f''(x)=20x^3-36x^2$

예제 $f(x)=\dfrac{1}{1+x}$의 n계 도함수를 구하여라.

풀이

$$\begin{aligned} f(x) &= (1+x)^{-1} \\ f'(x) &= (-1)(1+x)^{-2} \\ f''(x) &= (-1)(-2)(1+x)^{-3} \\ &\vdots \\ f^{(n)}(x) &= (-1)(-2)\cdots(-n)(1+x)^{-(n+1)} \\ &= (-1)^n\frac{n!}{(1+x)^{n+1}} \end{aligned}$$

연습문제

1-1 $f(x)=x^3-x$일 때 도함수의 정의에 의하여 $f'(x)$를 구하여라.

1-2 다음 함수의 도함수를 구하여라.

① $f(x)=3x^2-4x+2$　　② $g(x)=-3x^2+\dfrac{3}{x^6}$

1-3 다음 함수의 도함수를 구하여라.

① $f(x)=(2x-3)(x^3+5)$　　② $g(x)=\dfrac{3x^7}{x^2+1}$

1-4 다음 함수의 도함수를 구하여라.

① $f(x)=2(x^2-4)^3$　　② $g(x)=(1-x^2)^6$

1-5 다음 함수의 도함수를 구하여라.

① $x^2+x^2y^2+y^2-1=0$　　② $\sqrt{x}+\sqrt{y}=\sqrt{a}$

1-6 다음 함수의 n계도함수를 구하여라.

① $f(x)=x^3-3x^2+x+5$　　② $g(x)=\dfrac{1}{1-x}$

II 지수 · 로그함수의 미분법

로그함수 $y=\ln x$의 도함수를 구하여 보자.

$$\begin{aligned}\frac{dy}{dx}&=\lim_{h\to0}\frac{\ln(x+h)-\ln x}{h}\\&=\lim_{h\to0}\frac{1}{h}\cdot\ln\left(\frac{x+h}{x}\right)\\&=\frac{1}{x}\cdot\lim_{h\to0}\frac{x}{h}\ln(1+\frac{h}{x})\\&=\frac{1}{x}\lim_{h\to0}\ln\left(1+\frac{h}{x}\right)^{\frac{x}{h}}\end{aligned}$$

여기서, $u=\dfrac{h}{x}$로 놓으면 $h\to0$일 때 $u\to0$이므로

$$\begin{aligned}\frac{dy}{dx}&=\frac{1}{x}\lim_{u\to0}\ln(1+u)^{\frac{1}{u}}\\&=\frac{1}{x}\ln\left\{\lim_{u\to0}(1+u)^{\frac{1}{u}}\right\}\\&=\frac{1}{x}\ln e\\&=\frac{1}{x}\end{aligned}$$

따라서 $(\ln x)'=\dfrac{1}{x}$

이다.

$x>0,\ a>0,\ a\neq1$일 때

$$\log_a x=\frac{\log_e x}{\log_e a}=\frac{\ln x}{\ln a},$$

$$(\log_a x)'=\frac{1}{\ln a}\cdot(\ln x)'=\frac{1}{\ln a}\cdot\frac{1}{x}=\frac{1}{x\ln a}$$

이다.

◇ 로그함수의 미분공식

① $y = \ln x$일 때, $y' = \dfrac{1}{x}$ (단 $x > 0$)

② $y = \log_a x$일 때, $y' = \dfrac{1}{x \ln a}$ (단, $x > 0$, $a > 0$, $a \neq 1$)

예제 다음 함수의 도함수를 구하여라.

① $y = \ln(x^3 + 1)$　　　　② $y = \log_3(2x - 3)$

풀이 ① $u = x^3 + 1$로 놓으면 $y = \ln u$이므로

$$\frac{dy}{dx} = \frac{dy}{du} \cdot \frac{du}{dx} = \frac{1}{u} \cdot (3x^2) = \frac{3x^2}{x^3 + 1}$$

② $u = 2x - 3$로 놓으면 $y = \log_3 u$

$$y' = (\log_3 u)' \cdot (2x - 3)' = \frac{1}{u \ln 3} \cdot 2 = \frac{2}{(2x - 3)\ln 3}$$

로그함수 $y = \ln|x|$의 도함수를 구하여 보자.

① $x > 0$이면 $|x| = x$이므로

$$y = \ln|x| = \ln x,$$
$$y' = \frac{1}{x}$$

② $x < 0$이면 $|x| = -x$ 이므로 $u = -x$ $(-x > 0)$로 놓으면

$$y = \ln|x| = \ln(-x) = \ln u$$

이다. 연쇄법칙을 적용하면

$$y' = \frac{dy}{dx} = \frac{dy}{du} \cdot \frac{du}{dx} = \frac{1}{u} \cdot (-1) = \frac{1}{(-x)} \cdot (-1) = \frac{1}{x}$$

①과 ②에 의하여 $y=\ln|x|$의 도함수

$$y'=\frac{1}{x}$$

을 얻을 수 있다.

같은 방법으로 $y=\log_a|x|$의 도함수를 구하면

$$y'=\frac{1}{x\ln a}$$

이다.

또한 연쇄법칙을 적용하여 다음의 결과를 얻을 수 있다.

$f(x)$가 미분가능한 함수이고, $f(x)\neq 0$일 때

① $y=\ln|f(x)|$이면, $y'=\dfrac{f'(x)}{f(x)}$

② $y=\log_a|f(x)|$이면, $y'=\dfrac{f'(x)}{f(x)\ln a}$ $(a>0,\ a\neq 1)$

예제 다음 함수의 도함수를 구하여라.

① $y=\ln|3x-2|$ ② $y=\log_2|2x+1|^2$

풀이 ① $y'=\dfrac{(3x-2)'}{3x-2}=\dfrac{3}{3x-2}$

② $y=\log_2|2x+1|^2=2\log_2|2x+1|$

$$y'=\frac{2(2x+1)'}{(2x+1)\ln 2}=\frac{4}{(2x+1)\ln 2}$$

예제 $y=\dfrac{(x+2)(x+1)^3}{(x-1)^2}$의 도함수를 구하여라.

풀이 양변의 절대값에 자연로그를 취하면

$$\begin{aligned}\ln|y| &= \ln\left|\frac{(x+2)(x+1)^3}{(x-1)^2}\right| \\ &= \ln|x+2| + 3\ln|x+1| - 2\ln|x-1|\end{aligned}$$

양변을 x에 대하여 미분하면

$$\begin{aligned}\frac{y'}{y} &= \frac{1}{x+2}+\frac{3}{x+1}-\frac{2}{x-1} \\ &= \frac{2x^2-3x-11}{(x+2)(x+1)(x-1)}\end{aligned}$$

$$\begin{aligned}y' &= y\cdot\frac{2x^2-3x-11}{(x+2)(x+1)(x-1)} \\ &= \frac{(x+2)(x+1)^3}{(x-1)^2}\cdot\frac{2x-3x-11}{(x+2)(x+1)(x-1)} \\ &= \frac{(x+1)^2(2x^2-3x-11)}{(x-1)^3}\end{aligned}$$

▶▶▶ 정리 1

n이 실수일 때 $y=x^n$이면 $y'=nx^{n-1}$이다.

증명 $y=x^n$의 양변의 절대값에 자연로그를 취하면

$$\ln|y| = n\ln|x|$$

양변을 x에 대하여 미분하면

$$\frac{y'}{y}=n\cdot\frac{1}{x}$$

$$y' = n \cdot \frac{1}{x} \cdot y = n \cdot \frac{1}{x} \cdot x^n = nx^{n-1}$$

> **n이 실수일 때 x^n의 미분공식**
>
> $y = x^n$ (n은실수)이면 $y' = nx^{n-1}$

예제 $y = x^{\sqrt{3}}$의 도함수를 구하여라.

풀이 $y' = \sqrt{3}\, x^{\sqrt{3}-1}$

로그미분법을 이용하여 지수함수

$$y = a^x \; (a > 0, \; a \neq 1)$$

의 도함수를 구하여 보자.

$y = a^x$의 양변에 로그를 취하면

$$\ln y = x \ln a$$

양변을 x에 대하여 미분하면

$$\frac{y'}{y} = \ln a$$

$$y' = y \ln a = a^x \ln a$$

이다.

$y = e^x$의 도함수는

$$y' = e^x \ln e = e^x$$

이다.

◇ 지수함수 미분공식

① $y = a^x$ 일 때 $y' = a^x \ln a \ (a > 0,\ a \neq 1)$

② $y = e^x$ 일 때 $y' = e^x$

예제 다음 함수의 도함수를 구하여라.

① $y = e^{2x}$　　② $y = 2^{3x+1}$

풀이 ① $u = 2x$ 로 놓으면 $y = e^u$

$$y' = \frac{dy}{du} \cdot \frac{du}{dx} = (e^u)' \cdot (2x)' = e^u \cdot 2 = 2e^{2x}$$

② $u = 3x + 1$ 로 놓으면 $y = 2^u$

$$y' = \frac{dy}{du} \cdot \frac{du}{dx} = (2^u)' \cdot (3x+1)' = (2^u \cdot \ln 2) \cdot 3 = 3 \cdot 2^{3x+1} \cdot \ln 2$$

연습문제

2-1 다음 함수의 도함수를 구하여라.

① $y = \ln(2x)$　　② $y = \ln(\ln x)$　　③ $y = \log_2(x^2 + 1)$

2-2 다음 함수의 도함수를 구하여라

① $y = e^{2\sqrt{x}}$　　② $y = 3^{5x-7}$

2-3 다음 함수의 도함수를 구하여라.

① $y = x^x$　　② $y = (\ln x)^{\sin x}$

III 삼각함수의 미분법

함수 $y=\sin x$ 의 도함수를 구하여 보자.

$$\begin{aligned} y' &= \lim_{h\to 0}\frac{\sin(x+h)-\sin x}{h} \\ &= \lim_{h\to 0}\frac{(\sin x\cos h+\cos x\sin h)-\sin x}{h} \\ &= \lim_{h\to 0}\left\{\frac{\sin x(\cos h-1)}{h}+\frac{\cos x\sin h}{h}\right\} \\ &= \sin x\cdot\lim_{h\to 0}\frac{\cos h-1}{h}+\cos x\lim_{h\to 0}\frac{\sin h}{h} \\ &= (\sin x)\cdot 0+(\cos x)\cdot 1 \\ &= \cos x \end{aligned}$$

즉, $(\sin x)'=\cos x$

$y=\cos x=\sin\left(\frac{\pi}{2}+x\right)$이므로 $u=\frac{\pi}{2}+x$로 놓으면 $y=\sin u$이므로

$$y'=\frac{dy}{du}\cdot\frac{du}{dx}=(\sin u)'\cdot\left(\frac{\pi}{2}+x\right)'=(\cos u)\cdot 1=\cos\left(\frac{\pi}{2}+x\right)=-\sin x$$

이다.

즉, $(\cos x)'=-\sin x$

$y=\tan x=\frac{\sin x}{\cos x}$ 이므로

$$y'=\frac{(\sin x)'\cos x-\sin x(\cos x)'}{\cos^2 x}=\frac{\cos^2 x+\sin^2 x}{\cos^2 x}=\frac{1}{\cos^2 x}=\sec^2 x$$

이다.

즉, $(\tan x)'=\sec^2 x$

◇ **삼각함수의 미분공식 (1)**

① $y = \sin x$일 때 $y' = \cos x$　　② $y = \cos x$일 때 $y' = -\sin x$

③ $y = \tan x$일 때 $y' = \sec^2 x$

예제 다음 함수의 도함수를 구하여라.

① $y = \sin x \cos x$　　② $y = \tan^3 2x$

풀이 ① $y' = (\sin x)' \cos x + \sin x (\cos x)' = \cos^2 x - \sin^2 x$

② $y' = 3\tan^2 2x \cdot (2x)' = 6\tan^2 2x$

함수 $y = \sec x$의 도함수를 구하여 보자.

$y = \sec x = \dfrac{1}{\cos x}$ 이므로

$$y' = \frac{-(\cos x)'}{\cos^2 x} = \frac{\sin x}{\cos^2 x} = \frac{1}{\cos x} \cdot \frac{\sin x}{\cos x} = \sec x \cdot \tan x$$

이다. 같은 방법으로 $y = \operatorname{cosec} x$의 도함수를 구하면

$$y' = -\operatorname{cosec} x \cdot \cot x$$

이다. 또한 $y = \cot x$의 도함수를 구하면

$$y' = -\operatorname{cosec}^2 x$$

이다.

◇ **삼각함수의 미분공식 (2)**

① $y = \sec x$일 때, $y' = \sec x \tan x$

② $y = \operatorname{cosec} x$일 때, $y' = -\operatorname{cosec} x \cdot \cot x$

③ $y = \cot x$일 때, $y' = -\operatorname{cosec}^2 x$

예제 다음 함수의 도함수를 구하여라.

① $y = 2\sec^3 x$ ② $y = \cot^2 3x$

풀이 ① $y' = 2\cdot 3\sec^2 x\cdot(\sec x)' = 6\sec^2 x\cdot\sec x\cdot\tan x = 6\sec^3 x\tan x$

② $y' = 2\cot 3x(\cot 3x)' = 2\cot 3x\cdot\left(-\operatorname{cosec}^2 3x\right)\cdot(3x)'$

$= -6\cot 3x\cdot\operatorname{cosec}^2 3x$

예제 $y = \sin x$의 n계 도함수를 구하여라.

풀이

$$y' = \cos x = \sin\left(x + \frac{\pi}{2}\right)$$

$$y'' = \cos\left(x + \frac{\pi}{2}\right) = \sin\left(x + \frac{\pi}{2} + \frac{\pi}{2}\right) = \sin\left(x + 2\cdot\frac{\pi}{2}\right)$$

$$\vdots$$

$$y^{(n)} = \sin\left(x + \frac{n\pi}{2}\right)$$

연습문제

3-1 $f(x) = x^4 + \sin x$일 때 $f'(x)$를 구하여라.

3-2 $f(x) = x^2 \sin x \cos x$일 때 $f'(x)$를 구하여라.

3-3 다음 함수의 도함수를 구하여라.

① $f(x) = \sin^2\left(\cos^2 x\right)$ ② $g(x) = \tan^2(5x)$

3-4 $\sec y - \cot x = 0$에서 y'를 구하여라.

3-5 $f(x) = \sin ax$의 n계 도함수를 구하여라.

Ⅳ 도함수의 활용

미분가능한 함수 $y=f(x)$의 $x=a$에서의 미분계수 $f'(a)$는 곡선 $y=f(x)$위의 점 $(a,\ f(a))$에서의 접선의 기울기를 나타낸다.
따라서, 곡선 $y=f(x)$ 위의 점 $(a,\ f(a))$에서의 접선의 방정식은

$$y-f(a)=f'(a)(x-a)$$

이다.

예제 곡선 $y=x^2-x-1$위의 점 $(1,-1)$에서의 접선의 방정식을 구하여라.

풀이 $f(x)=x^2-x-1$로 놓으면 $f'(x)=2x-1$이므로
점$(1,\ -1)$에서 접선의 기울기는 $f'(1)=2\cdot1-1=1$이다.
따라서 구하는 접선의 방정식은

$$y-(-1)=1\cdot(x-1),$$

$$y=x-2$$

이다.

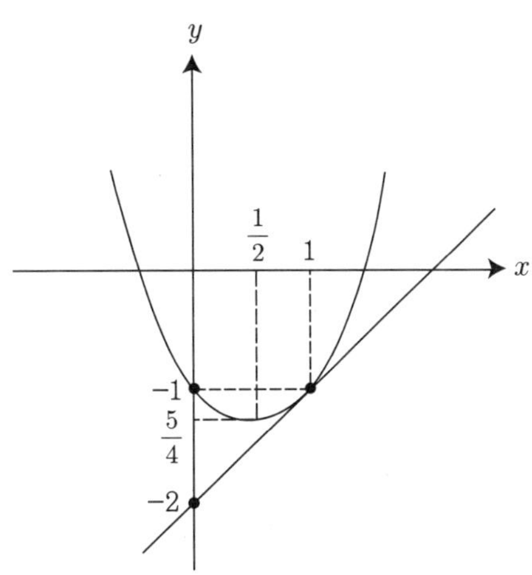

예제 원 $x^2+y^2=r^2$ 위의 점 (x_1, y_1)에서의 접선의 방정식이 $x_1x+y_1y=r^2$임을 증명하여라.

증명 $x^2+y^2=r^2$의 양변을 x에 대하여 미분하면

$$2x+2yy'=0,\ y'=-\frac{x}{y}$$

이다. 구하는 접선의 방정식은

① $y_1 \neq 0$일 때

$$y-y_1=-\frac{x_1}{y_1}(x-x_1)$$

$$y_1y+x_1x=x_1^2+y_1^2,$$

$$x_1x+y_1y=r^2$$

이다.

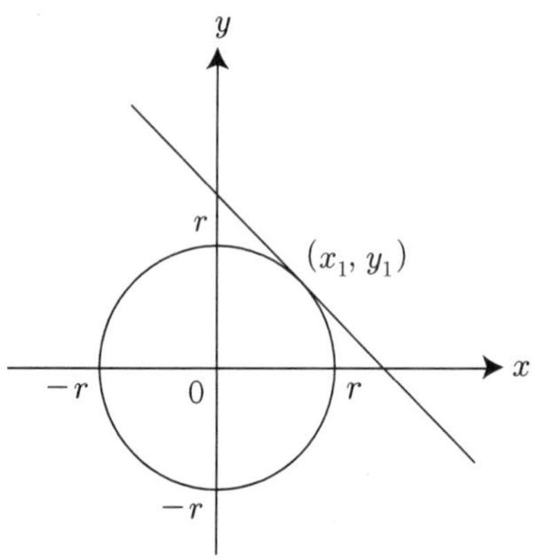

② $y_1=0$일 때

원 위의 점 $(-r,\ 0)$, $(r,\ 0)$에서는 기울기를 구할 수 없고, $x=-r$, $x=r$이 접선의 방정식이다. 이것은 $x_1x+y_1y=r^2$에 $(-r,\ 0)$, $(r,\ 0)$을 대입하여 얻은 것과 같다.

따라서 ①과 ②에 의하여 구하는 접선의 방정식은 $x_1x+y_1y=r^2$이다.

▶▶▶ 정리 1 롤의 정리

함수 $y=f(x)$가 폐구간 $[a,\ b]$에서 연속이고, 개구간 $(a,\ b)$에서 미분가능할 때, $f(a)=f(b)$이면

$$f'(c)=0$$

인 c가 a와 b 사이에 적어도 하나 존재한다.

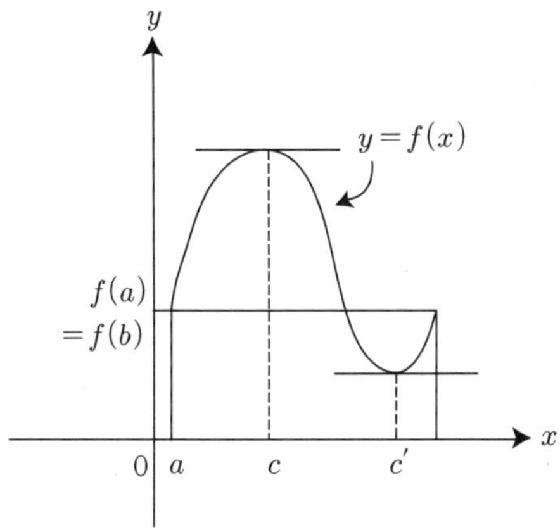

증명 ① $y=f(x)$가 상수함수인 경우,

개구간 (a, b)에 속하는 모든 점 c에서 $f'(c)=0$이다.

② $y=f(x)$가 상수함수가 아닌 경우,

$f(a)=f(b)$이므로 양 끝점 a, b를 제외한 한 점 c $(a< c< b)$에서 $f(x)$는 최대값 또는 최소값을 가진다.

(ⅰ) $x=c$에서 $f(x)$가 최대값을 가질 경우

충분히 작은 수 h에 대하여 $f(c+h)< f(c)$이므로

$f(c+h)-f(c)< 0$이다.

$$h> 0\text{이면} \quad \frac{f(c+h)-f(c)}{h}< 0$$

$$h < 0 \text{이면} \quad \frac{f(c+h)-f(c)}{h} > 0$$

이다. 그러므로

$$\lim_{h\to 0^+} \frac{f(c+h)-f(c)}{h} \le 0, \quad \lim_{h\to 0^-} \frac{f(c+h)-f(c)}{h} \ge 0$$

이다. 그런데 함수 $y=f(x)$는 $x=c$에서 미분가능하므로 좌극한, 우극한이 같아야 한다. 그러므로

$$f'(c) = \lim_{h\to 0} \frac{f(c+h)-f(c)}{h} = 0$$

(ii) $x=c$에서 $f(x)$가 최소값을 가질 경우

(i)과 같은 방법으로 $f'(c)=0$임을 보일 수 있다.

예제 함수 $f(x)=12x-3x^2$가 $[0,\ 4]$에서 롤의 정리를 만족하는 c의 값을 구하여라.

풀이 $f(x)=12x-3x^2$은 폐구간 $[0,\ 4]$에서 연속이고, 개구간 $(0,\ 4)$에서 미분가능하며, $f(0)=f(4)=0$이므로 롤의 정리에 의해서

$$f'(c) = 12-6c = 0$$

인 $c=2$가 0과 4 사이에 존재한다.

▶▶▶ 정리 2 평균값 정리

함수 $y=f(x)$가 폐구간 $[a,\ b]$에서 연속이고, 개구간 (a, b)에서 미분가능할 때,

$$\frac{f(b)-f(a)}{b-a} = f'(c) \qquad (a < c < b)$$

가 되는 c가 a와 b 사이에 적어도 하나 존재한다.

증명 두 점 $(a, f(a))$ $(b, f(b))$를 지나는 직선의 방정식을 $g(x)$라 하면

$$g(x)=\frac{f(b)-f(a)}{b-a}(x-a)+f(a)$$

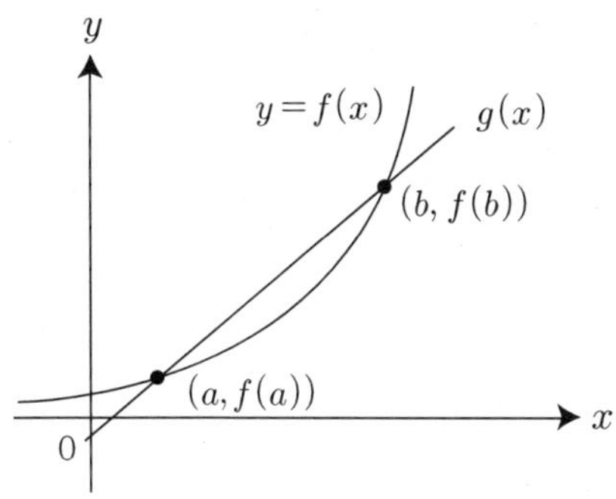

이때, 함수 $h(x)=f(x)-g(x)$를 생각하면, 이 함수는 $(a,\ b)$에서 미분가능하며 $h(a)=h(b)=0$이다. 따라서, 롤의 정리에 의하여

$$h'(c)=f'(c)-g'(c)=f'(c)-\frac{f(b)-f(a)}{b-a}=0$$

인 c가 a와 b 사이에 적어도 하나 존재한다. 그러므로

$\dfrac{f(b)-f(a)}{b-a}=f'(c)$ 인 c가 개구간 $(a,\ b)$ 안에 적어도 하나 존재한다.

예제 함수 $f(x)=x^3$에 대하여 구간 $[0,\ 3]$ 위에서 평균값의 정리를 만족하는 c의 값을 구하여라.

풀이 함수 $f(x)=x^3$은 폐구간 $[0,\ 3]$ 위에서 연속이고, 개구간 $(0,\ 3)$에서 미분가능하므로 평균값의 정리를 적용할 수 있다.

$f'(x)=3x^2$이므로

$$\frac{f(3)-f(0)}{3-0}=f'(c)$$

에서, $\dfrac{3^3-0}{3}=3\cdot c^2$

이다. 이 때 $c^2 = 3$이므로 $c = \pm\sqrt{3}$, 그런데 $0 < c < 3$이어야 하므로 $c = \sqrt{3}$이다.

함수 $y = f(x)$가 어떤 구간의 임의의 두 수 a, b에 대하여

① $a < b$일 때 $f(a) < f(b)$이면, $f(x)$는 이 구간에서 증가한다고 한다.

② $a < b$일 때 $f(a) > f(b)$이면, $f(x)$는 이 구간에 서 감소한다고 한다.

함수의 증가, 감소와 도함수의 부호 사이의 관계를 평균값의 정리를 이용하여 알아보면 다음과 같다.

함수 $f(x)$가 어떤 구간에서 미분가능하고, 그 구간의 모든 x에 대하여

① $f'(x) > 0$이면, $y = f(x)$는 그 구간에서 증가한다.

② $f'(x) < 0$이면, $y = f(x)$는 그 구간에서 감소한다.

예제 함수 $f(x) = 2x^3 + 3x^2 - 12x - 3$의 증가, 감소를 조사하여라.

풀이

$$f'(x) = 6x^2 + 6x - 12 = 6(x^2 + x - 2)$$
$$= 6(x+2)(x-1)$$

이므로 $f'(x) = 0$인 x값을 구하면 $x = -2, 1$이다.

$f(x)$의 증가와 감소를 나타내는 표를 만들면 다음과 같다.

x	$\cdots$	-2	$\cdots$	1	$\cdots$
$f'(x)$	+	0	−	0	+
$f(x)$	↗	17	↘	−10	↗

따라서, $f(x)$는 구간 $(-\infty, -2)$, $(1, \infty)$에서 증가하고, 구간 $(-2, 1)$에서 감소한다.

$$f(x) = 2x^3 + 3x^2 - 12x - 3$$

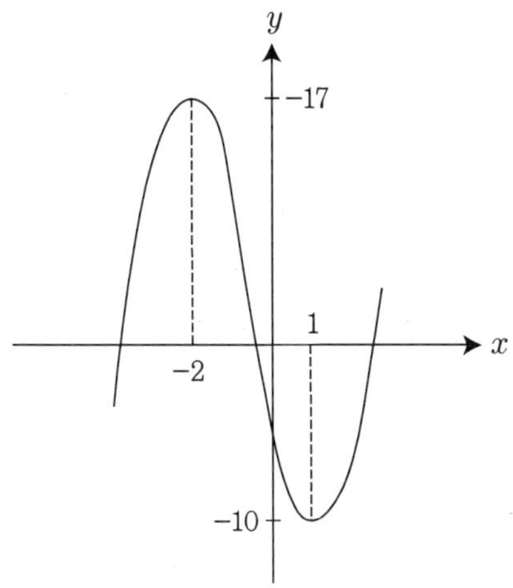

함수 $f(x)$가 $x = a$에서 연속이고, $x = a$의 좌우에서 $f(x)$가 증가 상태에서 감소 상태로 바뀌면 $f(x)$는 $x = a$에서 극대라고 하며 $f(a)$를 극대값이라고 한다.

또 $x = a$의 좌우에서 함수 $f(x)$가 감소 상태에서 증가 상태로 바뀌면 $f(x)$는 $x = a$에서 극소라고 하며 $f(a)$를 극소값이라고 한다.
극소값과 극대값을 통틀어 극값이라고 한다.

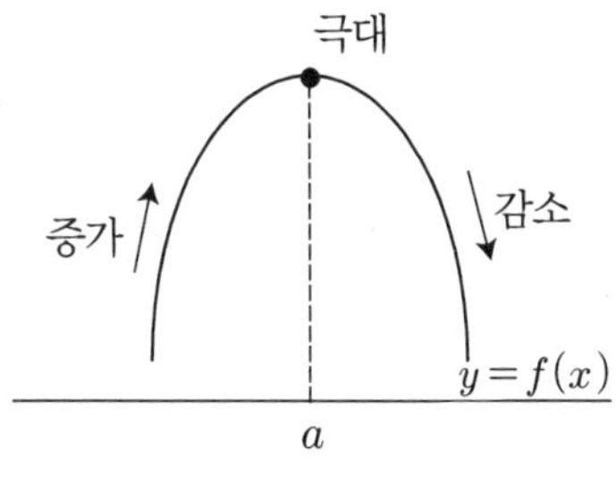

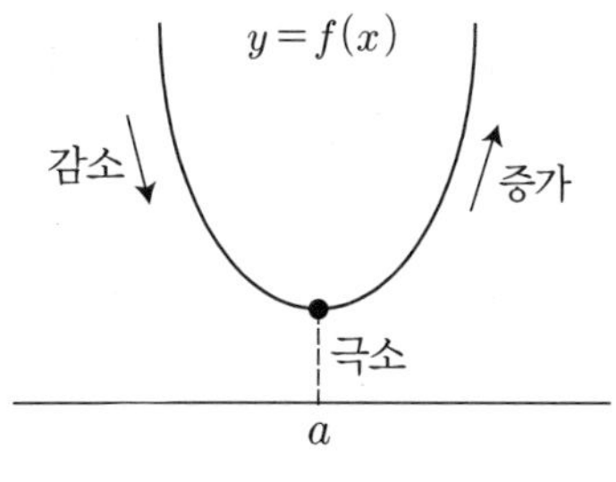

함수 $f(x)$가 $x=a$의 좌우에서 미분가능할 때, $f'(x)$의 부호의 변화에 따라 다음과 같이 함수의 극대 · 극소를 판정할 수 있다.

극대 · 극소판정법 (1)

$f'(a)=0$이거나 $f'(a)$가 존재하지 않는 $x=a$의 좌우에서 $f'(x)$의 부호가

① 양에서 음으로 바뀌면 $f(a)$는 극대값이다.

② 음에서 양으로 바뀌면 $f(a)$는 극소값이다.

예제 함수 $f(x)=x^3-3x^2$의 극값을 구하여라.

풀이 $f'(x)=3x^2-6x=3x(x-2)$이므로 $f'(x)=0$인 x값을 구하면 $x=0, 2$이다. $f(x)$의 증가와 감소를 나타내는 표를 만들면 다음과 같다.

x	$\cdots$	0	$\cdots$	2	$\cdots$
$f'(x)$	+	0	−	0	+
$f(x)$	↗	0 극대값	↘	−4 극소값	↗

위의 표에서 $f(x)$는

$x=0$에서 극대이고 극대값은 $f(x)=0$,

$x=2$에서 극소이고 극소값은 $f(2)=-4$

이다.

예제 함수 $f(x)=\sqrt[3]{x^2}$의 극값을 구하여라.

풀이 $x\neq 0$일 때 $f'(x)=\dfrac{2}{3\sqrt[3]{x}}$이며 $x=0$에서 연속이지만 미분가능하지 않다.

즉, $f'(0)$은 존재하지 않는다.

$x=0$의 좌우에서 이 함수의 증가, 감소는 다음의 표와 같다.

x	$\cdots$	0	$\cdots$
$f'(x)$	$-$		$+$
$f(x)$	↘	0 극소값	↗

위의 표에서 $f(x)$는 $x=0$에서 극소이고 극소값은 $f(0)=0$이다.

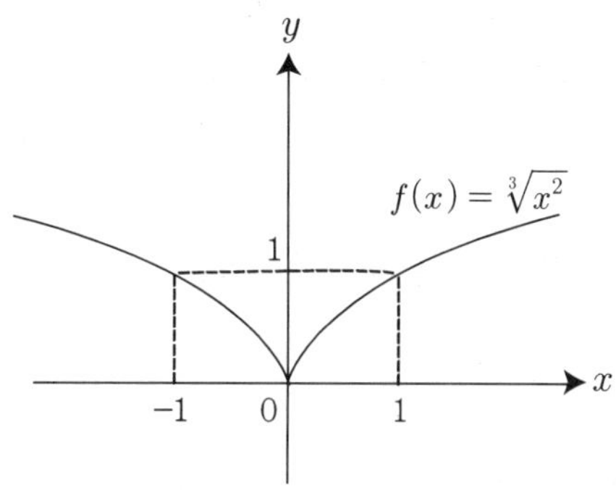

2계도함수를 이용하는 극대 · 극소 판정법은 다음과 같다.

◇ 극대 · 극소판정법 (2)

함수 $f(x)$에서 $f'(a)=0$이고

① $f''(a)>0$이면, $x=a$에서 극소이고, 극소값 $f(a)$를 가진다.

② $f''(a)<0$이면, $x=a$에서 극대이고, 극대값 $f(a)$를 가진다.

예제 함수 $f(x)=-x^3+6x+1$의 극값을 구하여라.

풀이 $f'(x)=-3x^2+6=-3(x^2-2)=-3(x-\sqrt{2})(x+\sqrt{2})$

$f''(x)=-6x$

$f'(x)=0$인 x값을 구하면 $x=\pm\sqrt{2}$이다.

그런데 $f''(\sqrt{2})=-6\sqrt{2}<0$이므로

$x=\sqrt{2}$에서 극대값 $f(\sqrt{2})=4\sqrt{2}+1$을 가지고

$f''(-\sqrt{2})=6\sqrt{2}>0$이므로

$x=-\sqrt{2}$에서 극소값 $f(-\sqrt{2})=-4\sqrt{2}+1$을 가진다.

함수 $y=f(x)$가 폐구간 $[a, b]$에서 연속이면, 이 구간에서 $f(x)$는 반드시 최대값과 최소값을 가진다. 따라서
$f(x)$의 최대값과 최소값을 구하려면

$$f(x)\text{의 극대값, 극소값, } f(a),\ f(b)$$

중에서 가장 큰 값을 최대값으로, 가장 작은 값을 최소값으로 선택하면 된다.

예제 폐구간 [−2, 2]에서 함수 $f(x)=x^3-3x^2$의 최대값과 최소값을 구하여라.

풀이 앞의 예제에서 $f(x)=x^3-3x^2$에 대해서

$x=0$에서 극대값 $f(0)=0$
$x=2$에서 극소값 $f(2)=-4$

를 구하였다.

$$f(-2)=(-2)^3-3(-2)^2=-20$$

$$f(2)=-4$$

이므로 최대값은 $x=0$일 때 0이고, 최소값은 $x=-2$일 때 −20이다.

예제 반지름이 r, 높이가 h인 직원뿔에 내접하는 원기둥 가운데 체적이 가장 큰 것의 높이를 구하여라.

풀이 내접하는 원기둥의 반지름과 높이를 각각 x, y라 하면 원기둥의 체적은 $V=\pi x^2 y$이다.

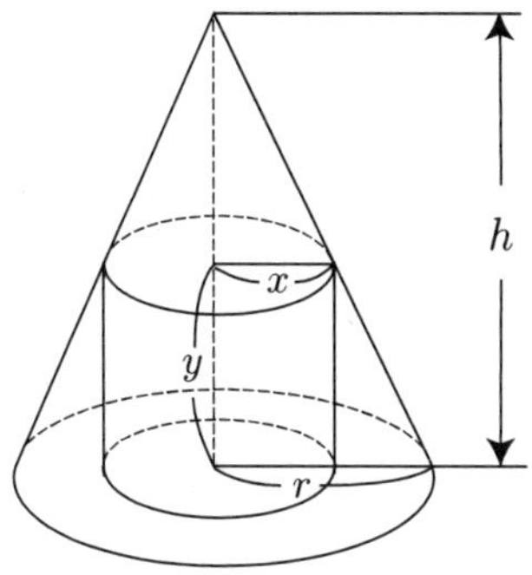

삼각형의 닮음비를 이용하면

$$\frac{x}{r}=\frac{h-y}{h} \quad 즉,\ y=\frac{h}{r}(r-x)$$

를 얻는다. 하나의 변수로 V를 나타내면

$$V=\pi x^2 y=\pi x^2\left(\frac{h}{r}(r-x)\right)=\frac{\pi h}{r}(rx^2-x^3),\ 0\le x\le r$$

이다. $[0,r]$에서 V의 최대값을 구하기 위해서 $(0,r)$에서 극대값을 구하여 보자.

$$V'(x)=\frac{\pi h}{r}(2rx-3x^2)=\frac{\pi h}{r}x(2r-3x)$$

이므로 $V'(x)=0$인 x 값은 $x=0,\ \frac{2}{3}r$이다.

$0<\frac{2}{3}r<r$ 이므로

$$V''(x)=\frac{\pi h}{r}(2r-6x),$$

$$V''\left(\frac{2}{3}r\right)=\frac{\pi h}{r}(2r-4r)=-2\pi h<0$$

이 되어 $V\left(\frac{2}{3}r\right)$은 극대값이다. $0\le x\le r$에서는 극대값 $V\left(\frac{2}{3}r\right)$이 최대값이 된다. 따라서 $x=\frac{2}{3}r$에서 최대값을 가지므로 구하고자 하는 높이는 $y=\frac{h}{r}\left(r-\frac{2}{3}r\right)=\frac{h}{3}$이다.

그림과 같이 구간 $[a, b]$ 위에서 곡선 $y=f(x)$ 위에 있는 임의의 두 점 P, Q에 대하여

① P, Q 사이에 있는 곡선 부분이 선분 P, Q보다 항상 아래쪽에 있으면 곡선 $y=f(x)$는 구간 $[a, b]$ 위에서 아래로 볼록(또는 위로 오목)하다고 한다. 또, 함수 $f(x)$가 이 구간에서 $f''(x)>0$이면, x가 증가할 때 $f'(x)$가 증가하므로 그 구간에서 $f(x)$는 아래로 볼록하다.

② P, Q 사이에 있는 곡선 부분이 선분 P, Q보다 항상 위쪽에 있으면 곡선 $y=f(x)$는 구간 $[a, b]$ 위에서 위로 볼록(또는 아래로 오목)하다고 한다. 또, 함수 $f(x)$가 이 구간에서 $f''(x)<0$이면, x가 증가할 때 $f'(x)$가 감소하므로 그 구간에서 $f(x)$는 위로 볼록하다.

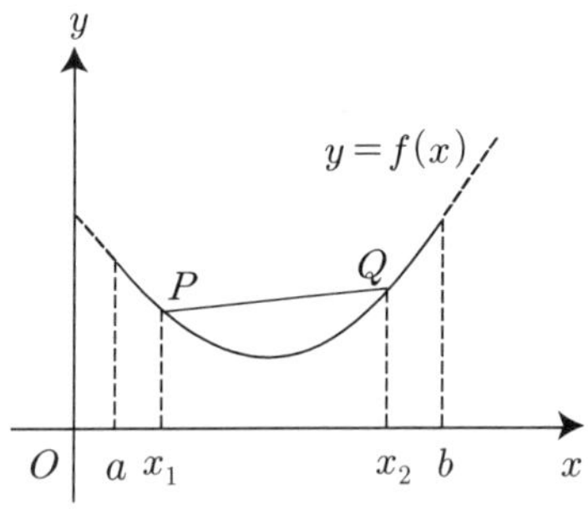

① 아래로 볼록

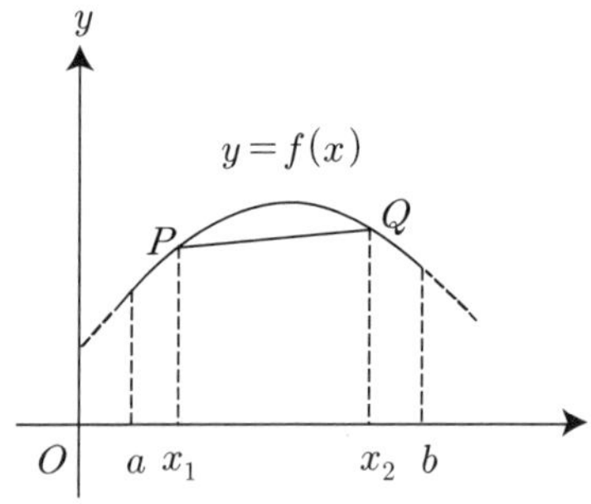

② 위로 볼록

> **◈ 곡선의 오목과 볼록**
>
> 함수 $f(x)$가 어떤 구간에서 항상
>
> ① $f''(x)>0$이면, 곡선 $y=f(x)$는 그 구간에서 아래로 볼록하다.
>
> ② $f''(x)<0$이면, 곡선 $y=f(x)$는 그 구간에서 위로 볼록하다.

예제 함수 $f(x)=4x^3-6x^2-9x$의 그래프의 오목, 볼록을 조사하여라.

풀이 $f'(x)=12x^2-12x-9$

$f''(x)=24x-12=12(2x-1)$

이므로 $f''(x)=0$ 인 x 값은 $x=\frac{1}{2}$ 이다.

$\left(-\infty,\ \frac{1}{2}\right)$에서 $f''(x)<0$ 이므로 위로 볼록하고,

$\left(\frac{1}{2},\ \infty\right)$에서 $f''(x)>0$ 이므로 아래로 볼록하다.

곡선 $y=f(x)$ 위에 있는 한 점의 좌우에서 곡선의 모양이 아래로 볼록에서 위로 볼록으로 또는 위로 볼록에서 아래로 볼록으로 바뀔 때 이 점을 변곡점이라 한다.

그림에서 점 $(a, f(a))$는 곡선 $y=f(x)$의 변곡점이다.

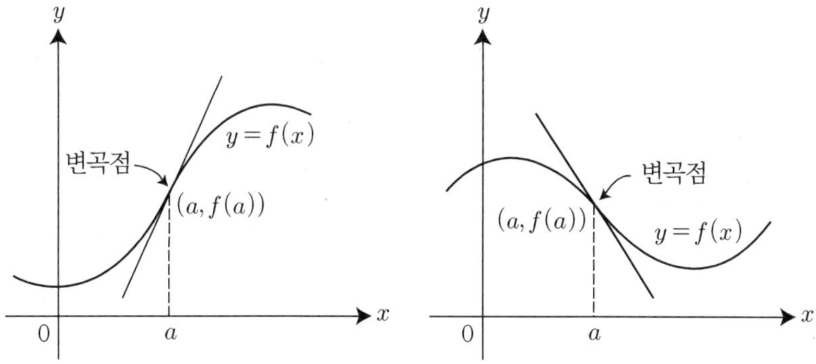

일반적으로, 곡선 $y=f(x)$의 변곡점은 다음과 같이 판정한다.

변곡점의 판정

함수 $y=f(x)$에서 $f''(a)=0$ 이고 $x=a$의 좌우에서 $f''(x)$의 부호가 바뀌면 점 $(a, f(a))$는 곡선 $y=f(x)$의 변곡점이다.

앞의 예제에서 $\left(\frac{1}{2},\ f\left(\frac{1}{2}\right)\right)=\left(\frac{1}{2},\ -\frac{11}{2}\right)$은 $f(x)=4x^3-6x^2-9x$의 변곡점이다.

예제 함수 $f(x)=\sin x\,(-\pi < x < \pi)$의 변곡점을 구하여라.

풀이 $f'(x)=\cos x,\quad f''(x)=-\sin x$

이므로 (π, π)에서 $f''(x)=0$인 x를 구하면 $x=0$이다.

$$(-\pi,\ 0)\text{에서 } f''(x)>0,$$

$$(0,\ \pi)\text{에서 } f''(x)<0$$

이므로 $(0, f(0))=(0, 0)$는 변곡점이다.

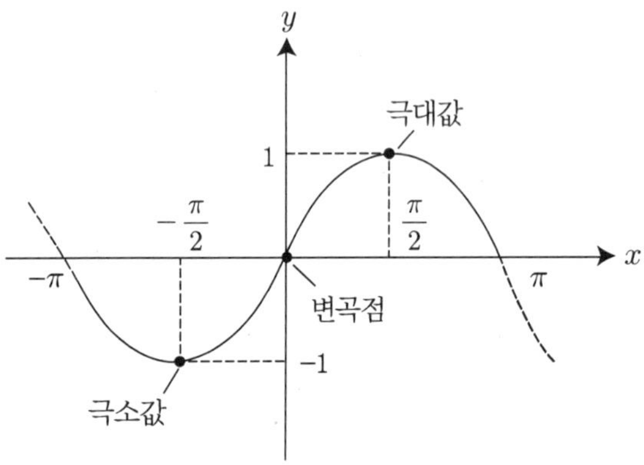

예제 함수 $f(x)=x^{\frac{5}{3}}$의 변곡점을 구하여라.

풀이

$$f'(x)=\frac{5}{3}x^{\frac{2}{3}},$$

$$f''(x)=\frac{10}{9}x^{-\frac{1}{3}}=\frac{10}{9\sqrt[3]{x}}\quad(x\neq 0)$$

이므로 $f''(x)=0$인 x값은 없고, $f''(x)$가 존재하지 않는 x값은 $x=0$이다. 그런데 $x<0$이면 $f''(x)<0$이고, $x>0$이면 $f''(x)>0$이다. 따라서 $(0, f(0))=(0, 0)$은 변곡점이다.

우리는 도함수를 이용하여 함수 $y=f(x)$의 증가, 감소, 극대, 극소 및 변곡점을 구하는 방법에 대하여 공부하였다. 이들을 이용하여 함수의 그래프를 그려보자.

◇ 그래프를 그리는 요령

① 함수의 정의역과 치역을 구한다.

② 대칭성(x축, y축, 원점)을 조사한다.

③ 좌표축과의 교점(x절편, y절편)을 구한다.

④ 함수의 증가, 감소, 극대, 극소를 구한다.

⑤ 곡선의 오목, 볼록, 변곡점을 구한다.

⑥ 점근선, $\lim_{x\to\infty} f(x)$, $\lim_{x\to-\infty} f(x)$를 구한다.

예제 함수 $f(x) = x^3 - 3x + 2$의 그래프를 그려라.

풀이 ① 함수의 정의역과 치역은 $(-\infty, \infty)$이다.

② 대칭성은 없다.

③ $x = 0$이면 $f(0) = 2$이므로 y절편은 2이다.
$f(x) = x^3 - 3x + 2 = (x-1)^2(x+2)$이므로 $f(x) = 0$인 x를 구하면 $x = -2, 1$ 즉, x절편은 -2, 1이다.

④, ⑤ $f'(x) = 3x^2 - 3 = 3(x^2 - 1) = 3(x+1)(x-1)$

에서 $f'(x) = 0$인 x 값은 $x = -1, 1$

$f''(x) = 6x$

에서 $f''(x) = 0$인 x 값은 $x = 0$

x	…	−1	…	0	…	1	…
$f'(x)$	+	0	−	−	−	0	+
$f''(x)$	−	−	−	0	+	+	+
$f(x)$	↗	4 (극대값)	↘	2 (변곡점)	↘	0 (극소값)	↗

$x = -1$에서 극대값 $f(-1) = 4$

$x = 1$에서 극소값 $f(1) = 4$

$(0, f(0))=(0, 2)$: 변곡점

⑥ 점근선은 없다.

①~⑥을 종합하여 그래프를 그려보면 그림과 같다.

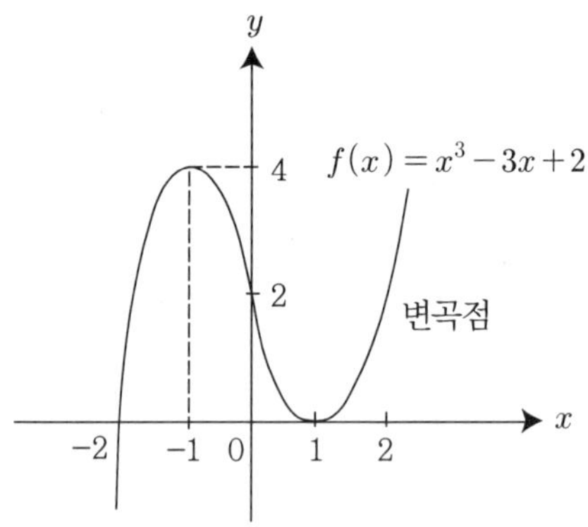

점 P가 수직선 위를 움직일 때, 시각 t에서의 점 P의 좌표를 x라고 하면, x는 함수 $x=f(t)$가 된다.

시각 t에서 시각 $t+\Delta t$까지의 점 P의 평균속도는 함수 $x=f(t)$의 평균변화율이며 다음과 같다.

$$\frac{\Delta x}{\Delta t}=\frac{f(t+\Delta t)-f(t)}{\Delta t}$$

또 함수 $x=f(t)$의 순간변화율을 점 P의 순간속도 또는 속도라고 하며, 속도를 기호 v로 나타낸다.

$$v(t)=\frac{dx}{dt}=\lim_{\Delta t\to 0}\frac{f(t+\Delta t)-f(t)}{\Delta t}\ (=f'(t))$$

한편, 속도의 절대값 $|v|$를 시각 t에서의 점 P의 속력이라고 한다.
시각 t에 따른 속도의 변화, 즉 속도 v의 순간변화율을 가속도라고 하고, 가속도를 기호 a로 나타낸다.

$$a(t)=\frac{dv}{dt}(=v'(t))$$

한 물체가 중력의 힘만을 받는다고 하자. 시간 $t=0$초일 때 물체의 높이는 지면으로부터 $h_o m$ 위에 있고, 그때 속도는 $v_0\ m/\sec$라 하면, 시간 t초일 때 물체의 지면으로부터의 높이는 $h(t)$는 다음의 식으로 주어진다.

$$h(t) = -4.9t^2 + v_0 t + h_0$$

(여기서, $t=0$에서 물체가 위로 움직이면 $v_0 > 0$이고, 아래로 움직이면 $v_0 < 0$이다.)

예제 $f(t) = t^3 - 3t - 5$에서 $t=2$일 때의 속도, 가속도를 구하여라.

풀이 속도는 $v(t) = 3t^2 - 3$이므로 $v(2) = 9$이다.
가속도는 $a(t) = v'(t) = 6t$이므로 $a(2) = 12$이다.

예제 지상으로부터 34.3m인 건물의 옥상에서 29.4m/sec의 속도로 똑바로 위로 쏘아올린 물체의 t초 후의 지면으로부터의 높이를 $h(t)m$라고 하자.

① $h(t)$의 식을 구하여라.

② 쏘아올린 지 2초 후의 물체의 속도와 가속도를 구하여라.

③ 물체가 지면에 떨어지는 순간의 속도를 구하여라.

풀이 ① $h(t) = -4.9t^2 + 29.4t + 34.3$

② $v(t) = h'(t) = -9.8t + 29.4$, $v(2) = 9.8m/\text{sec}$
$a(t) = v'(t) = -9.8$, $a(2) = -9.8m/\text{sec}^2$

③ 물체가 지면에 떨어지는 순간은 $h(t) = 0$이므로
$-4.9t^2 + 29.4t + 34.3 = -4.9(t^2 - 6t - 7) = -4.9(t-7)(t+1) = 0$
에서 $t=7(t > 0)$이다. 따라서

$$v(7) = (-9.8) \times 7 + 29.4 = 39.2m/\text{sec}$$

두 개 이상의 시간에 관한 변수가 다시 함수관계를 갖고 있다면, 그 변수들의 시간에 대한 변화율도 자연히 함수관계를 갖게 된다.

예제 구 모양의 풍선에 매분마다 $108,000\,\mathrm{cm}^3$ 공기를 넣어 부풀리고 있다. 풍선의 반지름이 30cm일 때 반지름의 증가율을 구하여라.

풀이 시간 t분에서의 풍선의 반지름을 r, 부피를 V라 하면

$$V=\frac{4}{3}\pi r^3$$

이다. 양변을 t에 관하여 미분하면

$$\frac{dV}{dt}=\frac{4}{3}\pi\cdot 3r^2\frac{dr}{dt}=4\pi r^2\frac{dr}{dt},$$

$$\frac{dr}{dt}=\frac{1}{4\pi r^2}\cdot\frac{dV}{dt}$$

이다. $\dfrac{dV}{dt}=108,000\mathrm{cm}^3/\mathrm{min}$이므로 $r=30\mathrm{cm}$일 때

시간 $t=t_0$에서

$$\left.\frac{dr}{dt}\right|_{t=t_0}=\frac{1}{4\pi\cdot 30^2}\cdot 108,000=\frac{30}{\pi}\,\mathrm{cm/min}$$

이므로 반지름이 30cm일 때 반지름은 분당 $\dfrac{30}{\pi}$cm의 비율로 증가하고 있다.

연습문제

4-1 곡선 $y=x^3-1$ 위의 점 $(1,0)$에서의 접선의 방정식을 구하여라.

4-2 곡선 $y=\cos x$ 위의 점 $(\frac{\pi}{2},\ 0)$에서의 접선의 방정식을 구하여라.

4-3 함수 $f(x)=x^2-6x$에 대하여 구간 [0, 4] 위에서 평균값 정리를 만족하는 c의 값을 구하여라.

4-4 함수 $f(x)=4x^3+9x^2-12x+3$의 극값을 구하여라.

4-5 [-3, 3]에서 함수 $f(x)=\frac{1}{3}x^3-4x$의 최대값과 최소값을 구하여라.

4-6 합이 18이고, 곱이 최대가 되는 두 양수를 구하여라.

4-7 함수 $f(x)=x^3+3x^2-9x-2$의 변곡점을 구하여라.

4-8 함수 $f(x)=3x^4-4x^3$의 그래프를 그려라.

4-9 그림과 같이 직원뿔의 종이컵에 2 cm^3/sec의 속도로 물이 들어가고 있다. 컵의 높이는 18 cm이고, 컵의 윗면의 반지름은 6 cm라고 하자. 물의 깊이가 12 cm일 때 물의 상승하는 속도를 구하여라.

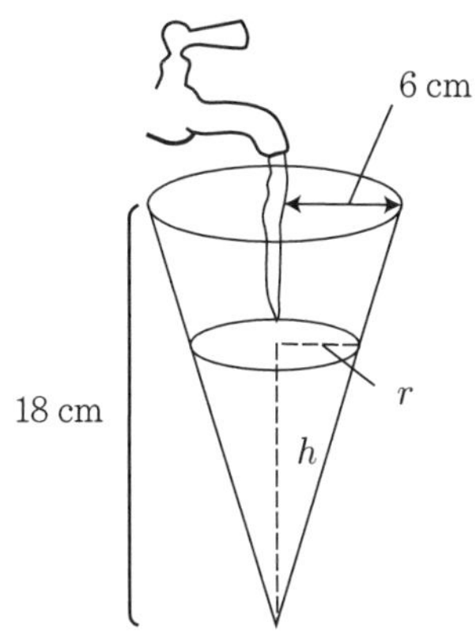

CHAPTER_ 04

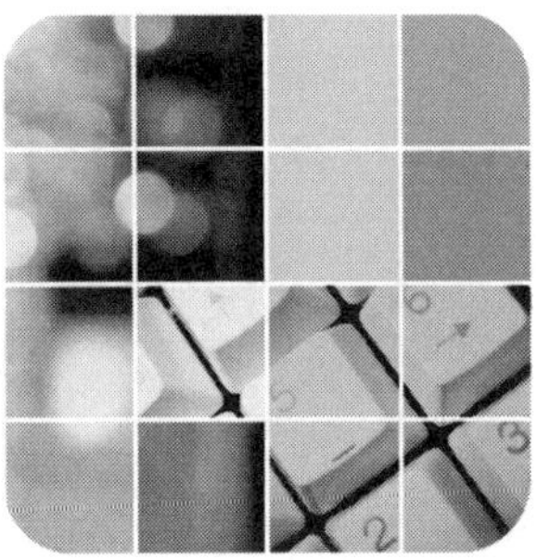

적분법

Ⅰ 부정적분

Ⅱ 정적분

Ⅲ 정적분의 활용

●●● 17세기 뉴턴과 라이프니츠에 의해 발견된 적분법은 곡선으로 둘러싸인 넓이나 부피를 손쉽게 구할 수 있을 뿐만 아니라 변화량의 총 합을 구하는 유용한 수단이 되었다. 적분법은 수학 외에도 변화 현상을 다루는 자연과학이나 공학, 경제학 등 거의 모든 분야에서 널리 사용되고 있다. 이 장에서는 부정적분, 정적분, 그리고 정적분의 활용에 대하여 학습한다.

Ⅰ 부정적분

1. 부정적분(원시함수)

앞 장에서 함수 $f(x)$의 도함수 $f'(x)$를 구하는 방법을 공부하였다. 반대로 이번에는 함수 $f(x)$가 주어졌을 때, $F'(x)=f(x)$인 또 다른 함수 $F(x)$를 구하는 방법을 알아보자.

일반적으로 함수 $f(x)$에 대하여 $F'(x)=f(x)$인 함수 $F(x)$를 $f(x)$의 원시함수 또는 역도함수라고 한다.

함수 F가 f의 어떤 역도함수이고 C가 임의의 상수이면

$$\frac{d}{dx}[F(x)+C]=F'(x)+0=f(x)$$

이므로 함수 $f(x)$의 원시함수의 하나를 $F(x)$라고 하면 $f(x)$의 임의의 원시함수는 $F(x)+C$로 나타내지며, 이것을

$$\int f(x)dx=F(x)+C$$

로 표기하고, $f(x)$의 부정적분(indefinite integral)이라 한다.

이때, C를 적분상수라고 하고, 함수 $f(x)$의 부정적분을 구하는 것을 $f(x)$를 적분한다고 한다.

미분법을 역으로 이용하면 부정적분에 관련된 성질을 얻을 수 있다.

① $\int x^r dx=\frac{x^{r+1}}{r+1}+C \ (r\neq -1)$

② $\int \frac{1}{x}dx=\ln|x|+C$

③ $\int kf(x)dx=k\int f(x)dx$, k는 상수

④ $\int (f(x)\pm g(x))dx=\int f(x)dx\pm\int g(x)dx$

예제 다음 부정적분을 구하여라.

① $\int (x^3+2)dx$ ② $\int (\sqrt{x}-\frac{2}{x})dx$

③ $\int \frac{x^3+4x-3}{x}dx$ ④ $\int \left(x+\frac{1}{x}\right)^2 dx$

풀이

① $\int (x^3+2)dx = \int x^3dx + \int 2dx = \frac{1}{3+1}x^{3+1}+C_1+2\int dx$
$= \frac{1}{4}x^4+C_1+2x+C_2 = \frac{1}{4}x^4+2x+C \ (C=C_1+C_2)$

② $\int (\sqrt{x}-\frac{2}{x})dx = \int \sqrt{x}\,dx - \int \frac{2}{x}dx = \int x^{\frac{1}{2}}dx - 2\int \frac{1}{x}dx$
$= \frac{1}{\frac{1}{2}+1}x^{\frac{1}{2}+1}+C_1-2\ln|x|+C_2 = \frac{2}{3}x^{\frac{3}{2}}-2\ln|x|+C$

③ $\int \frac{x^3+4x-3}{x}dx = \int \left(x^2+4-\frac{3}{x}\right)dx$
$= \int x^2dx + \int 4dx - \int \frac{3}{x}dx$
$= \frac{1}{3}x^3+4x-3\ln|x|+C$

④ $\int (x+\frac{1}{x})^2dx = \int \left(x^2+2+\frac{1}{x^2}\right)dx$
$= \int x^2dx + \int 2dx + \int \frac{1}{x^2}dx = \int x^2dx + 2\int dx + \int x^{-2}dx$
$= \frac{1}{3}x^3+C_1+2x+C_2+\frac{1}{-2+1}x^{-2+1}+C_3$
$= \frac{1}{3}x^3+2x-\frac{1}{x}+C \quad (C=C_1+C_2+C_3)$

(1) 삼각함수의 부정적분

삼각함수의 미분법에서 다음과 같은 성질을 얻을 수 있다.

① $\int \sin x\,dx = -\cos x + C$ ② $\int \cos x\,dx = \sin x + C$

③ $\int \sec^2 x\,dx = \tan x + C$ ④ $\int \operatorname{cosec}^2 x\,dx = -\cot x + C$

예제 다음 부정적분을 구하여라.

① $\int (3\sin x + \cos x)dx$　　② $\int (1-\tan x)\cos x \ dx$

③ $\int \frac{\sin^2 x}{1-\cos x}dx$

풀이 ① $\int (3\sin x + \cos x)dx = 3\int \sin x \ dx + \int \cos x \ dx$

$= 3(-\cos x + C_1) + (\sin x + C_2)$

$= -3\cos x + 3C_1 + \sin x + C_2 = -3\cos x + \sin x + C \ (C = 3C_1 + C_2)$

② $\int (\cos x - \tan x \cdot \cos x)dx$

$= \int \cos x dx - \int \sin x dx = \sin x + \cos x + C$

③ $\int \frac{\sin^2 x}{1-\cos x}dx = \int \frac{1-\cos^2 x}{1-\cos x}dx = \int \frac{(1-\cos x)(1+\cos x)}{1-\cos x}dx$

$= \int (1+\cos x)dx = x + \sin x + C$

(2) 지수함수의 부정적분

지수함수의 미분법에서

$$(e^x)' = e^x$$

$$(a^x)' = a^x \ln a \ (\text{단, } a>0, \ a \neq 1)$$

이므로 다음과 같은 성질을 얻을 수 있다.

① $\int e^x dx = e^x + C$

② $\int a^x dx = \frac{a^x}{\ln a} + C$ (단, $a>0, \ a \neq 1$)

예제 다음 부정적분을 구하여라.

① $\int e^{x+3}dx$ ② $\int e^{-x}dx$ ③ $\int (3^x+1)^2 dx$

풀이 ① $\int e^{x+3}dx = \int e^x \cdot e^3 dx = e^3 \int e^x dx$

$= e^3 e^x + C = e^{x+3} + C$

② $\int e^{-x}dx = \int (e^{-1})^x dx = \dfrac{(e^{-1})^x}{\ln(e^{-1})} + C = -e^{-x} + C$

③ $\int (3^x+1)^2 dx = \int (3^{2x} + 2\cdot 3^x + 1)dx$

$= \int (9^x + 2\cdot 3^x + 1)dx = \dfrac{9^x}{\ln 9} + \dfrac{2\cdot 3^x}{\ln 3} + x + C$

2. 치환적분법

어떤 함수 $f(x)$의 부정적분을 구할 때, 직접 계산하기 어려운 경우 식의 일부 또는 전체를 한 변수로 치환하여 부정적분을 쉽게 구할 수 있다.

합성함수의 도함수를 계산하는데 이용했던 연쇄법칙은 적분하는데 있어 매우 유용한 방법을 제공해준다.

부정적분

$$F(x) = \int f(x)dx$$

에서 $x = g(t)$로 놓으면 $F(x) = F(g(t))$이므로 $F(x)$는 t의 함수이다.

$F(g(t))$가 t에 관하여 미분가능하면, 합성함수의 미분법에 의하여

$$\frac{d}{dt}F(x) = \frac{d}{dx}F(x)\cdot\frac{dx}{dt} = f(x)\cdot g'(t) = f(g(t))\cdot g'(t)$$

이므로 $$F(x) = \int f(g(t))\cdot g'(t)dt$$

이다. 따라서

$$\int f(x)dx = \int f(g(t))g'(t)dt$$

이다. 이와 같은 적분법을 치환적분법이라고 한다.

예제 다음 부정적분을 구하여라.

① $\int (3x-4)^3 dx$ ② $\int \sqrt{2x+1}\,dx$

③ $\int \frac{1}{3x+2}dx$ ④ $\int \cos(2x+1)dx$

풀이 ① $3x-4=t$로 놓으면 $3dx=dt$

따라서,

$$\int (3x-4)^3 dx = \int t^3 \cdot \frac{1}{3}dt = \frac{1}{3}\int t^3 dt = \frac{1}{3}\cdot\frac{1}{4}t^4 + C$$
$$= \frac{1}{12}(3x-4)^4 + C$$

② $2x+1=t$로 놓으면 $2dx=dt$

따라서,

$$\int \sqrt{2x+1}\,dx = \int \sqrt{t}\cdot\frac{1}{2}dt = \frac{1}{2}\int t^{\frac{1}{2}}dt = \frac{1}{2}\cdot\frac{2}{3}t^{\frac{3}{2}} + C$$
$$= \frac{1}{3}(2x+1)\sqrt{2x+1} + C$$

③ $3x+2=t$로 놓으면 $3dx=dt$ 따라서,

$$\int \frac{1}{3x+2}dx = \int \frac{1}{t}\cdot\frac{1}{3}dt = \frac{1}{3}\int \frac{1}{t}dt = \frac{1}{3}\cdot\ln|t| + C$$
$$= \frac{1}{3}\ln|3x+2| + C$$

④ $2x+1=t$로 놓으면 $2dx=dt$

따라서,

$$\int \cos(2x+1)dx = \int \cos t\cdot\frac{1}{2}dt = \frac{1}{2}\int \cos t\ dt = \frac{1}{2}\sin t + C$$
$$= \frac{1}{2}\sin(2x+1) + C$$

치환적분을 이용하여 삼각함수와 지수함수의 부정적분을 구하여 보자.

예제 다음 부정적분을 구하여라.

① $\int \sin^3 x \ \cos x \ dx$ ② $\int \cos^2 x \ dx$

③ $\int e^{-2x+1} dx$ ④ $\int 4xe^{x^2} dx$

풀이 ① $\sin x = t$로 놓으면 $\cos x\, dx = dt$, 따라서

$$\int \sin^3 x \cos x \, dx = \int t^3 dt = \frac{1}{4}t^4 + C = \frac{1}{4}\sin^4 x + C$$

② $\int \cos^2 x \ dx = \int \frac{1+\cos 2x}{2} dx = \frac{1}{2}\int (1+\cos 2x) dx$

$= \frac{1}{2}\left(\int dx + \int \cos 2x \ dx\right)$ ($2x = t$라 놓으면 $2dx = dt$)

$= \frac{1}{2}\left(x + \int \cos t \cdot \frac{1}{2} dt\right) = \frac{1}{2}x + \frac{1}{4}(-\sin t) + C$

$= \frac{1}{2}x - \frac{1}{4}\sin 2x + C$

③ $-2x+1 = t$로 놓으면 $-2dx = dt$

$\int e^{-2x+1} dx = \int e^t \left(-\frac{1}{2}dt\right)$

$= -\frac{1}{2}\int e^t dt = -\frac{1}{2}e^t + C = -\frac{1}{2}e^{-2x+1} + C$

④ $x^2 = t$로 놓으면 $2xdx = dt$. 따라서

$$\int 4xe^{x^2} dx = 2\int e^{x^2} \cdot 2xdx = 2\int e^t dt = 2e^t + C = 2e^{x^2} + C$$

한편, $\int \frac{f'(x)}{f(x)} dx$에서 $f(x) = t$로 놓으면 $f'(x)dx = dt$가 되므로

$$\int \frac{f'(x)}{f(x)} dx = \int \frac{1}{t} dt = \ln|t| + C = \ln|f(x)| + C$$

이다.

예제 다음 부정적분을 구하여라.

① $\int \frac{x+1}{x^2+2x-1}dx$　　　② $\int \tan x \ dx$

풀이 ① $x^2+2x-1=t$로 놓으면 $(2x+2)dx=dt$이므로

$(x+1)dx=\frac{1}{2}dt$

따라서 $\int \frac{x+1}{x^2+2x-1}dx=\int \frac{1}{t}\cdot\frac{1}{2}dt=\frac{1}{2}\int \frac{1}{t}dt$

$=\frac{1}{2}\ln|t|+C=\frac{1}{2}\ln|x^2+2x-1|+C$

② $\tan x=\frac{\sin x}{\cos x}$이고 $(\cos x)'=-\sin x$이므로

$\int \tan x dx=\int \frac{\sin x}{\cos x}dx=\int \frac{-(\cos x)'}{\cos x}dx=-\ln|\cos x|+C$

3. 부분적분법

두 함수의 곱의 형태로 된 부정적분을 구해보자. 이를 위해, 두 함수 $f(x)$, $g(x)$의 곱 $f(x)\,g(x)$의 미분법을 이용하면,

$$(f(x)g(x))'=f'(x)g(x)+f(x)g'(x)$$

이므로 양변을 다시 적분 하면, 부정적분의 정의에 의하여

$$f(x)g(x)=\int f'(x)g(x)dx+\int f(x)g'(x)dx$$

그러므로

$$\int f(x)g'(x)dx=f(x)g(x)-\int f'(x)g(x)dx$$

이다. 이와 같은 적분법을 부분 적분법이라고 한다.

$$\int f(x)g'(x)dx=f(x)g(x)-\int f'(x)g(x)dx$$

예제 다음 부정적분을 구하여라.

① $\int 3xe^x dx$ ② $\int x\ln x dx$ ③ $\int e^x \cos x dx$

풀이 ① $f(x)=x$, $g'(x)=e^x$로 놓으면 $f'(x)=1$, $g(x)=e^x$이므로

$$\int 3xe^x dx = 3\left(x\cdot e^x - \int e^x dx\right) = 3(xe^x - e^x) + C$$

② $f(x)=\ln x$, $g'(x)=x$로 놓으면 $f'(x)=\frac{1}{x}$, $g(x)=\frac{1}{2}x^2$ 이므로

$$\int x\ln x dx = \ln x\cdot\frac{1}{2}x^2 - \int\frac{1}{x}\cdot\frac{1}{2}x^2 dx$$
$$= \frac{1}{2}x^2\cdot\ln x - \frac{1}{2}\int x dx = \frac{1}{2}x^2\cdot\ln x - \frac{1}{4}x^2 + C$$

③ $f(x)=\cos x$, $g'(x)=e^x$이라 놓으면

$f'(x)=-\sin x$, $g(x)=e^x$이다.

$$\int e^x \cos x dx = \cos x\cdot e^x - \int(-\sin x)\cdot e^x dx$$

$$= e^x\cos x + \int e^x \sin x dx \quad \cdots\cdots ①$$

이제 $\int e^x \sin x dx$를 구해보자. 마찬가지로 부분적분법을 이용하기 위해

$f(x)=\sin x$ $g'(x)=e^x$라 놓으면,

$f'(x)=\cos x$, $g(x)=e^x$이므로

$$\int e^x \sin x dx = \sin x\cdot e^x - \int \cos x.\ e^x dx \quad \cdots\cdots ②$$

②를 ①에 대입하면

$\int e^x \cos x dx = e^x\cos x + \sin x\cdot e^x - \int e^x \cos x dx$이다.

따라서 우변의 $\int e^x \cos x$를 좌변으로 이항하면

$$2\int e^x \cos x dx = e^x(\sin x + \cos x)$$
$$\therefore \int e^x \cos x dx = \frac{1}{2}e^x(\sin x + \cos x) + C$$

4. 유리함수의 적분법

분수식으로 주어진 유리함수들을 적분하기 위해서, ① 분자의 차수가 분모의 차수보다 작아지도록 변형한 다음, ② 남는 부분의 분모와 분자를 인수분해를 하여, ③ 부분분수로 나눈 다음 부정적분을 구하는 과정을 거쳐야 한다.

예를 들면, 부정적분 $\int \frac{2x+4}{x^2+3x+2}dx$를 구할 때, 분수식 $\frac{2x+4}{x^2+3x+2}$에서 분자의 차수가 분모의 차수보다 작으므로, 분자와 분모를 인수분해하면

$$\frac{2x+4}{x^2+3x+2}=\frac{2(x+2)}{(x+2)(x+1)}=\frac{2}{x+1}$$

이다. 따라서

$$\int \frac{2x+4}{x^2+3x+2}dx=\int \frac{2}{x+1}dx=2\int \frac{1}{x+1}dx=2\ \ln|x+1|+C$$

예제 다음 부정적분을 구하여라.

① $\int \frac{x^2+x-1}{x+2}dx$ ② $\int \frac{dx}{x(x-2)}$ ③ $\int \frac{x^2}{x^2-1}dx$

풀이 ① 분자의 차수가 분모의 차수보다 크므로

$\frac{x^2+x-1}{x+2}=x-1+\frac{1}{x+2}$ 의 꼴로 변형하면,

$$\int \frac{x^2+x-1}{x+2}dx=\int\left(x-1+\frac{1}{x+2}\right)dx$$

$$=\frac{1}{2}x^2-x+\ln|x+2|+C$$

② 분모가 인수분해되어 있으므로 이제 부분분수로 변형시켜보자.

$$\frac{1}{x(x-2)}=\frac{A}{x}+\frac{B}{x-2}$$

에서 우변을 통분하여 A, B를 구하면 $A=-\frac{1}{2}$, $B=\frac{1}{2}$ 이다. 즉,

$$\frac{1}{x(x-2)}=-\frac{1}{2x}+\frac{1}{2(x-2)}$$

따라서, $\int \frac{dx}{x(x-1)}=\int\left(-\frac{1}{2x}+\frac{1}{2(x-2)}\right)dx$

$$=-\frac{1}{2}\ln|x|+\frac{1}{2}\ln|x-2|+C$$

$$=\frac{1}{2}\ln\left|\frac{x-2}{x}\right|+C$$

③ 분자의 차수가 분모의 차수보다 작아지도록 변형한 다음 인수분해하면

$$\frac{x^2}{x^2-1}=1+\frac{1}{x^2-1}=1+\frac{1}{(x-1)(x+1)}$$

이다. 이제 부분분수로 변형하면

$$\frac{1}{(x-1)(x+1)}=\frac{1}{2}\left(\frac{1}{x-1}-\frac{1}{x+1}\right)$$

이므로, $\int \frac{x^2}{x^2-1}dx=\int\left(1-\frac{1}{2}\left(\frac{1}{x-1}-\frac{1}{x+1}\right)\right)dx$

$$=x-\frac{1}{2}(\ln|x-1|-\ln|x+1|)+C$$

$$=x-\frac{1}{2}\ln\left|\frac{x-1}{x+1}\right|+\mathrm{C}$$

…› 연습문제

1-1 다음 부정적분을 구하여라

① $\int (x+1)(2x-3)dx$　　② $\int \frac{3x+2}{x}dx$

1-2 다음 부정적분을 구하여라.

① $\int \sin^2 x dx$　　② $\int \tan^2 x dx$　　③ $\int a^{3x} dx \ (a>0, \ a \neq 1)$

1-3 다음 부정적분을 구하여라

① $\int x\sqrt{x+1}\,dx$　　② $\int e^{2x+3}dx$　　③ $\int \cos^2 x \sin x \ dx$

1-4 다음 부정적분을 구하여라

① $\int x^2 \cos x dx$　　② $\int xe^{-x}dx$　　③ $\int \frac{3x}{x^2+x-2}dx$

II 정적분

1. 구분구적법

다각형과 같이 선분으로 둘러싸인 도형의 넓이는 삼각형들로 나누어 그 넓이의 합으로 구할 수 있다. 그러나 직선과 곡선, 곡선과 곡선으로 둘러싸인 도형의 넓이를 구하는 것은 그렇게 쉽지 않다. 이 절에서는 넓이를 계산하기 위한 일반적인 방법을 소개한다.

이러한 방법은 넓이 계산 이상의 중요성을 포함하고 있는데, 다양한 영역에 폭넓게 적용할 수 있는 미분적분학의 중심 개념 중의 하나이다.
간단한 예를 들어 넓이에 대해 생각해 보자.

예제 포물선 $y=x^2$과 x축 및 직선 $x=a$ $(a>0)$로 둘러싸인 도형의 넓이를 구하여라.

풀이 다음 그림과 같이 구간 $[0,\ a]$을 n등분하여 양 끝점과 각 분점의 x좌표를 $0=x_{0,}\ x_{1,}\ x_{2,}\ \cdots,\ x_n=a$라고 하자.

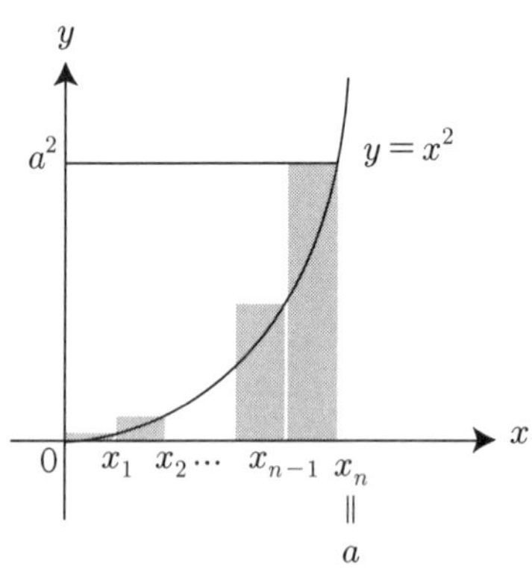

각 소구간의 길이는 $[0,\ a]$를 n등분하였으므로 $\frac{a}{n}$가 된다. 따라서 $x_1=\frac{a}{n},\ x_2=\frac{2a}{n},\ \cdots,\ x_n=\frac{na}{n}$이고 이 점에서 대응할 y값은

$\left(\frac{a}{n}\right)^2, \left(\frac{2a}{n}\right)^2, \cdots, \left(\frac{na}{n}\right)^2$ 이다.

오른쪽 끝점에서 함수값을 높이로 하는 직사각형을 만들어 이들 직사각형의 넓이의 합을 S_n 이라 하면,

$$\begin{aligned} S_n &= x_1^2\left(\frac{a}{n}\right) + x_2^2\left(\frac{a}{n}\right) + \cdots + x_n^2\left(\frac{a}{n}\right) \\ &= \left(\frac{a}{n}\right)^2\left(\frac{a}{n}\right) + \left(\frac{2a}{n}\right)^2\left(\frac{a}{n}\right) + \cdots + \left(\frac{na}{n}\right)^2\left(\frac{a}{n}\right) \\ &= \frac{a^3}{n^3}(1^2 + 2^2 + \cdots + n^2) \\ &= \frac{a^3}{n^3} \cdot \frac{n(n+1)(2n+1)}{6} = \frac{a^3}{6}\frac{n(n+1)(2n+1)}{n^3} \\ &= \frac{a^3}{6}\left(1 + \frac{1}{n}\right)\left(2 + \frac{1}{n}\right) \end{aligned}$$

여기서 n의 값을 한없이 크게 하면 소구간의 길이는 0에 가까워지고, S_n의 극한값은 구하는 도형의 넓이 S에 한없이 가까워진다. 즉,

$$S = \lim_{n \to \infty} S_n = \lim_{n \to \infty} \frac{a^3}{6}\left(1 + \frac{1}{n}\right)\left(2 + \frac{1}{n}\right) = \frac{2a^3}{6} = \frac{a^3}{3}$$

이와 같이 평면도형의 넓이나 입체의 부피를 구하기 위하여 주어진 도형을 작은 기본 도형으로 분할하여 그 넓이나 부피의 합으로 근사값을 구하고, 그 근사값의 극한으로써 주어진 도형의 넓이나 부피를 구하는 방법을 구분구적법이라 한다.

위의 예에서 n등분한 각 구간의 왼쪽 끝의 함수값을 높이로 하는 직사각형을 이용하여 도형의 넓이를 구해보자.

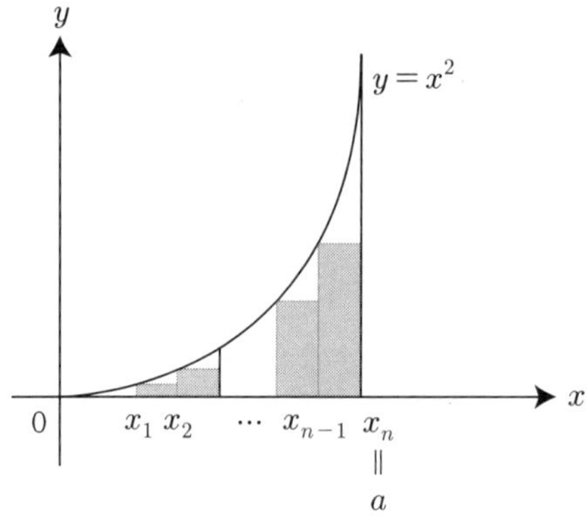

이들 직사각형의 넓이의 합을 T_n이라고 하면

$$
\begin{aligned}
T_n &= 0^2\cdot\frac{a}{n}+x_1^2\cdot\frac{a}{n}+x_2^2\cdot\frac{a}{n}+\cdots+x_{n-1}^2\cdot\frac{a}{n} \\
&= 0\cdot\frac{a}{n}+\left(\frac{a}{n}\right)^2\left(\frac{a}{n}\right)+\left(\frac{2a}{n}\right)^2\left(\frac{a}{n}\right)+\cdots+\left(\frac{(n-1)a}{n}\right)^2\left(\frac{a}{n}\right) \\
&= \frac{a^3}{n^3}(1^2+2^2+\cdots+(n-1)^2) \\
&= \frac{a^3}{n^3}\frac{(n-1)\cdot n\{2(n-1)+1\}}{6} \\
&= \frac{a^3}{6}\frac{(n-1)n(2n-1)}{n^3}=\frac{a^3}{6}\left(1-\frac{1}{n}\right)\left(2-\frac{1}{n}\right)
\end{aligned}
$$

따라서, $\lim\limits_{n\to\infty}T_n=\lim\limits_{n\to\infty}\frac{a^3}{6}\left(1-\frac{1}{n}\right)\left(2-\frac{1}{n}\right)=\frac{a^3}{3}$. 즉,

$$\lim_{n\to\infty}S_n=\lim_{n\to\infty}T_n=S$$

임을 알 수 있다.

이제 구분구적법의 뜻을 확장하여 보기로 하자.

먼저, 함수 $y=f(x)$가 폐구간 $[a,\ b]$에서 연속이고, $f(x)\geq 0$이라고 하자. 구간 $[a,\ b]$를 n등분하여 양 끝점을 포함한 각 등분점의 x좌표를

$$a = x_0,\ x_1,\ x_2,\ \cdots,\ x_{n-1},\ x_n = b$$

라 하고, 각 부분 구간의 길이를 Δx라고 하면 $\Delta x = \dfrac{b-a}{n}$이다.

다음 그림과 같이, 밑변의 길이가 Δx이고 각 부분구간의 오른쪽 끝 점에서의 함수값을 높이로 하는 직사각형의 넓이의 합을 S_n이라 하면

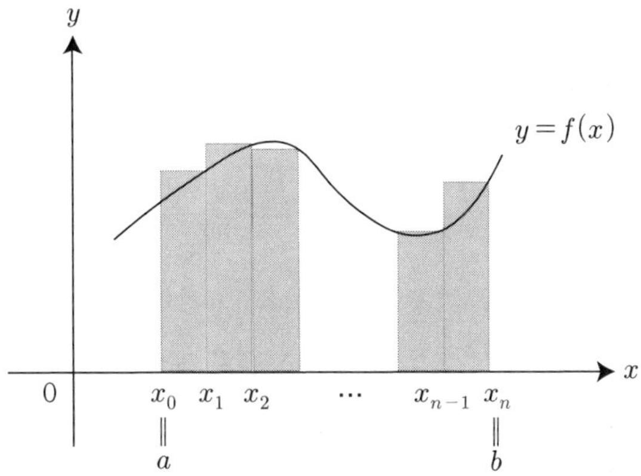

$$\begin{aligned} S_n &= f(x_1)\Delta x + f(x_2)\Delta x + \cdots + f(x_n)\Delta x \\ &= \sum_{k=1}^{n} f(x_k)\Delta x \end{aligned}$$

이다. 이때 n이 한없이 커지면 S_n은 곡선 $y=f(x)$와 x축 및 두 직선 $x=a,\ x=b$로 둘러싸인 도형의 넓이 S에 가까워진다. 즉,

$$S = \lim_{n\to\infty} S_n = \lim_{n\to\infty} \sum_{k=1}^{n} f(x_k)\Delta x$$

이 극한값을 함수 $y=f(x)$의 a에서 b까지의 정적분이라 하고, 기호 $\int_a^b f(x)dx$와 같이 나타낸다.

◇ 함수 $f(x)$가 구간 $[a,\ b]$에서 연속일 때,

$$\int_a^b f(x)dx = \lim_{n\to\infty} \sum_{k=1}^{h} f(x_k)\Delta x \quad \left(단,\ \Delta x = \frac{b-a}{n}\right)$$

2. 정적분의 성질

함수 $f(x)$가 구간 $[a,\ b]$에서 연속이라고 하자. 그러면

① $\int_a^a f(x)dx = 0$

② $a > b$일 때, $\int_a^b f(x)dx = -\int_b^a f(x)dx$

③ 함수 $f(x)$가 구간 $[a,\ b]$에서 연속일 때, $f(x) \geq 0$이고 $a < c < b$인 임의의 실수 c에 대하여

$$\int_a^b f(x)dx = \int_a^c f(x)dx + \int_c^b f(x)dx$$

성질 (1)은 선분의 면적이 0이라는 우리의 기대와 일치한다.

위의 성질 (3)은 정적분의 덧셈성질로 불리는데 다음 그림은 덧셈 성질의 특별한 경우 $(a < c < b)$로써 오직 경계선만 겹치는 작은 두 개의 영역의 합의 넓이는 각각의 두 영역의 넓이 합의 넓이는 각각의 두 영역의 넓이의 합과 같다는 것을 기하학적으로 이해할 수 있게 한다.

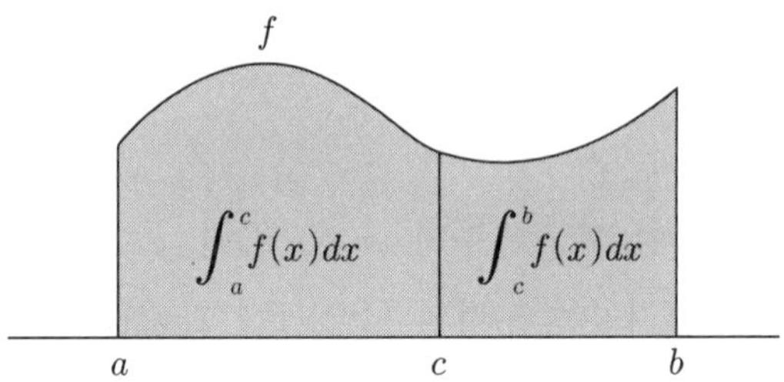

▶▶▶ 정리 1

함수 $f(x)$가 폐구간 $[a,\ b]$에서 연속이면

$$\frac{d}{dx}\int_a^x f(t)dt = f(x) \ (단,\ a \leq x \leq b)$$

증명 함수 $y = f(t)$가 구간 $[a,\ b]$에서 연속이고, $f(t) \geq 0$이라 하자.
구간 $[a,\ b]$에 속하는 임의의 x에 대하여 a에서 x까지 곡선 $y = f(t)$와 t축 사이의 넓이를 $S(x)$라 하면

$$S(x)=\int_a^x f(t)dt$$

이다. 폐구간 $[x,\ x+\Delta x]$에서 함수 $f(t)$는 연속이므로 최대값 M과 최소값 m을 가진다.
따라서

$$m\cdot\Delta x \le \int_x^{x+\Delta x} f(t)dt \le M\cdot\Delta x$$

이다. 양변을 Δx로 나누면

$$m \le \frac{1}{\Delta x}\int_x^{x+\Delta x} f(t)dt \le M$$

그런데 $S(x)$의 정의와 정적분의 성질 (3)에 따르면
$\int_x^{x+\Delta x} f(t)dt = S(x+\Delta x)-S(x)$이므로
즉, $m \le \dfrac{S(x+\Delta x)-S(x)}{\Delta x} \le M$이다.
여기서 $\Delta x \to 0$ 이면 $\lim\limits_{\Delta x\to 0} m \le \lim\limits_{\Delta x\to 0}\dfrac{S(x+\Delta x)-S(x)}{\Delta x} \le \lim\limits_{\Delta x\to 0} M$

함수 $f(t)$는 $[a,\ b]$에서 연속이므로 $\Delta x\to 0$이면 $m\to f(x)$, $M\to f(x)$이다.
그러므로 $f(x)\le S'(x)\le f(x)$
즉, $\dfrac{d}{dx}\displaystyle\int_a^x f(t)dt = f(x)$이다.

위 정리는 적분과 미분과의 관계를 설명해 준다.

▶▶▶ 정리 2

정적분의 기본 정리

함수 $f(x)$가 구간 $[a,\ b]$에서 연속 이고, $F(x)$가 $f(x)$의 한 부정적분이면

$$\int_a^b f(x)dx = \Big[F(x)\Big]_a^b = F(b)-F(a)$$

증명 정리 1에 의해 $\frac{d}{dx}\int_a^x f(t)dt = f(x)$이므로 $\int_a^x f(t)dt$는 $f(x)$의 한 부정적분 이다. 이를 $F(x)$라고 하면

$$\int_a^x f(t)dt = F(x) + C \ (C\text{는 적분상수}) \quad \cdots\cdots ①$$

그런데 $x = a$이면 $\int_a^a f(t)dt = 0$이므로

$$F(a) + C = 0$$
$$\therefore C = -F(a)$$

이것을 ①식에 대입하면

$$\int_a^x f(t)dt = F(x) - F(a)$$

특히, $x = b$를 대입하고 적분변수 t를 x로 바꾸면

$$\int_a^b f(x)dx = F(b) - F(a)$$

이다. 우변은 보통 $[F(x)]_a^b$와 같이 나타낸다.

앞에서의 정적분 기본정리를 이용하면 다음과 같은 정적분의 성질을 얻을 수 있다.

▶▶▶ 정리 3

두 함수 $f(x)$, $g(x)$가 폐구간 $[a, b]$에서 연속일 때

① $\int_a^b kf(x)dx = k\int_a^b f(x)dx$ (단, k는상수)

② $\int_a^b \{f(x) \pm g(x)\}dx = \int_a^b f(x)dx \pm \int_a^b g(x)dx$

예제 다음 정적분의 값을 구하여라.

① $\int_{1}^{3}(2x^2+1)dx$　　② $\int_{-1}^{1}(x^3-2x-2)dx$

풀이

① $\int_{1}^{3}(2x^2+1)dx=\left[\frac{2}{3}x^3+x\right]_1^3=\frac{2}{3}(3^3-1^3)+(3-1)$

$=\frac{2}{3}\cdot 26+2=\frac{58}{3}$

② $\int_{-1}^{1}(x^3-2x-2)dx=\left[\frac{1}{4}x^4-x^2-2x\right]_{-1}^{1}=-4$

예제 다음 정적분을 구하여라.

① $\int_{0}^{\frac{\pi}{2}}(\sin x+\cos x)dx$　　② $\int_{0}^{\pi}\sin^2 x dx$

풀이

① $\int_{0}^{\frac{\pi}{2}}(\sin x+\cos x)dx=[-\cos x+\sin x]_0^{\frac{\pi}{2}}$

$=-(0)+1-(-1+0)=2$

② $\int_{0}^{\pi}\sin^2 x dx=\int_{0}^{\pi}\left(\frac{1-\cos 2x}{2}\right)dx=\frac{1}{2}\left[x-\frac{1}{2}\sin 2x\right]_0^{\pi}=\frac{\pi}{2}$

3. 정적분의 치환적분법

부정적분의 치환적분법에서

$F(x)=\int f(x)dx$ 에서, $x=g(t)$로 놓으면

$$F(x)=\int f(x)dx=\int f(g(t))g'(t)dt$$

로 구할 수 있었다.

지금 $\int_{a}^{b}f(x)dx=F(b)-F(a)$

이고 $x=g(t)$가 미분가능이고, $a=g(\alpha)$, $b=g(\beta)$라고 한다면

$$\int_{\alpha}^{\beta} f(g(t))g(t)dt = [F(g(t))]_{\alpha}^{\beta} = F(g(\beta)) - F(g(\alpha))$$
$$= F(b) - F(a)$$

가 된다. 따라서 다음 정리를 얻는다.

> **정적분의 치환적분법**
>
> $x=g(t)$가 미분가능이고 $a=g(\alpha)$, $b=g(\beta)$일 때
>
> $$\int_a^b f(x)dx = \int_{\alpha}^{\beta} f(g(t))g'(t)dt$$

예제 다음 정적분을 구하여라.

① $\int_0^1 (3x-1)^5 dx$ ② $\int_0^1 x\sqrt{x^2+1}\,dx$

③ $\int_0^2 \frac{1}{3x+2}dx$ ④ $\int_{\frac{\pi}{4}}^{\frac{\pi}{2}} \frac{\cos\theta}{\sin^2\theta}d\theta$

풀이 ① $3x-1=t$로 놓으면 $3dx=dt$,
그리고 $x=0$일 때 $t=-1$, $x=1$일 때 $t=2$이다.

$$\int_0^1 (3x-1)^5 dx = \int_{-1}^{2} t^5 \cdot \frac{1}{3}dt = \frac{1}{3}\left[\frac{1}{6}t^6\right]_{-1}^{2}$$
$$= \frac{1}{18}(2^6-1) = \frac{7}{2}$$

② $x^2+1=t$로 놓으면 $2xdx=dt$,
그리고 $x=0$일 때 $t=1$, $x=1$일 때 $t=2$이다.

$$\int_0^1 x\sqrt{x^2+1}\,dx = \int_1^2 t^{\frac{1}{2}} \cdot \frac{1}{2}dt = \frac{1}{2}\cdot\frac{2}{3}\left[t^{\frac{3}{2}}\right]_1^2$$
$$= \frac{1}{3}\left(2^{\frac{3}{2}}-1\right) = \frac{1}{3}(2\sqrt{2}-1)$$

③ $3x+2=t$로 놓으면 $3dx=dt$,

그리고 $x=0$일 때 $t=2$, $x=2$일 때 $t=8$이다.

$$\int_0^2 \frac{1}{3x+2}dx = \int_2^8 \frac{1}{t}\cdot\frac{1}{3}dt = \frac{1}{3}\left[\ln|t|\right]_2^8$$

$$= \frac{1}{3}(\ln 8 - \ln 2) = \frac{2}{3}\ln 2$$

④ $\sin\theta = t$로 놓으면 $\cos\theta\, d\theta = dt$, 그리고

$\theta = \frac{\pi}{4}$일 때 $t = \frac{\sqrt{2}}{2}$, $\theta = \frac{\pi}{2}$일 때 $t=1$이다.

$$\int_{\frac{\pi}{4}}^{\frac{\pi}{2}} \frac{\cos\theta}{\sin^2\theta}d\theta = \int_{\frac{\sqrt{2}}{2}}^{1} \frac{1}{t^2}dt = \int_{\frac{\sqrt{2}}{2}}^{1} t^{-2}dt = \left[-\frac{1}{t}\right]_{\frac{\sqrt{2}}{2}}^{1}$$

$$= \frac{2}{\sqrt{2}} - 1 = \frac{2-\sqrt{2}}{\sqrt{2}}$$

예제 정적분 $\int_{-1}^{1}\sqrt{1-x^2}\,dx$를 구하여라

풀이 $x=\sin\theta\left(-\frac{\pi}{2} \le \theta \le \frac{\pi}{2}\right)$로 놓으면 $dx = \cos\theta\ d\theta$이고

$x=-1$일 때 $\theta=-\frac{\pi}{2}$, $x=1$일 때 $\theta=\frac{\pi}{2}$이다.

$$\int_{-1}^{1}\sqrt{1-x^2}\,dx = \int_{-\frac{\pi}{2}}^{\frac{\pi}{2}}\sqrt{1-\sin^2\theta}\cdot\cos\theta d\theta$$

$$= \int_{-\frac{\pi}{2}}^{\frac{\pi}{2}}\cos\theta\cdot\cos\theta d\theta \left(\because -\frac{\pi}{2} \le \theta \le \frac{\pi}{2}\text{에서} \cos\theta \ge 0\right)$$

$$= \int_{-\frac{\pi}{2}}^{\frac{\pi}{2}}\cos^2\theta d\theta = \int_{-\frac{\pi}{2}}^{\frac{\pi}{2}}\frac{1+\cos 2\theta}{2}d\theta$$

$$= \frac{1}{2}\left[\theta + \frac{\sin 2\theta}{2}\right]_{-\frac{\pi}{2}}^{\frac{\pi}{2}} = \frac{\pi}{2}$$

위의 결과 , $\int_{-1}^{1}\sqrt{1-x^2}\,dx$는 반지름의 길이가 1인 원의 넓이의 $\frac{1}{2}$이다.

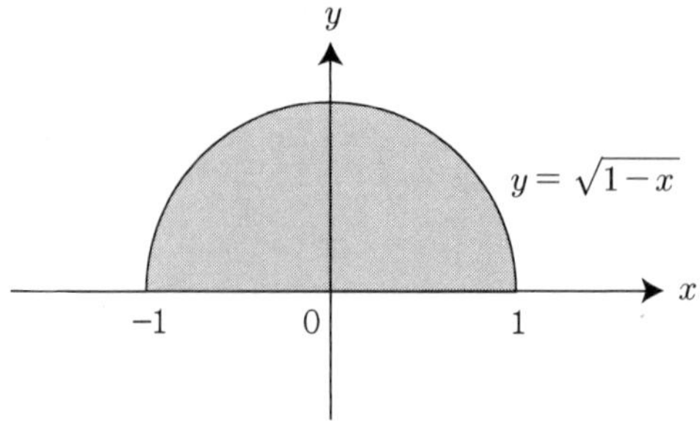

이제 대칭인 함수의 정적분에 관해 살펴보자.

x^2, x^4, $\cos x$, $|x|$ 등과 같이 모든 x에 대하여 $f(-x)=f(x)$인 함수의 그래프는 y축에 대하여 대칭이고, x, x^3, $\sin x$, 등과 같이 모든 x에 대하여 $f(-x)=-f(x)$인 함수의 그래프는 원점에 대하여 대칭인 함수이다.

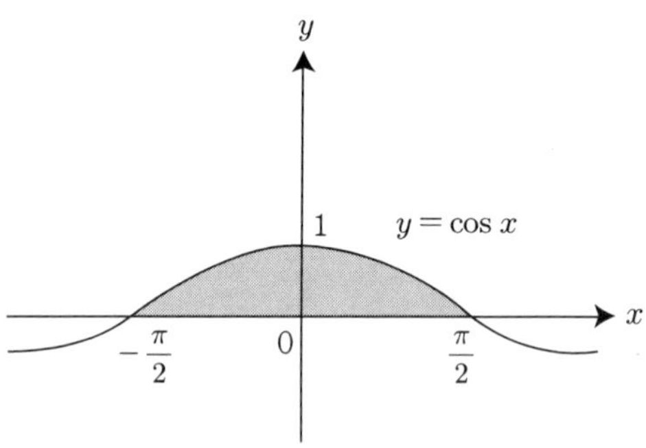

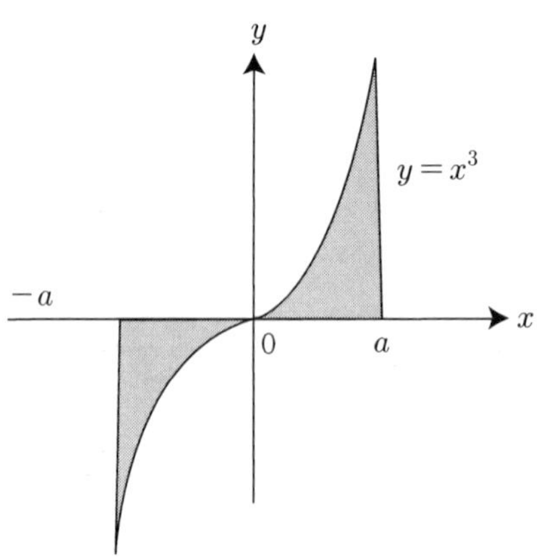

일반적으로 연속함수 $f(x)$에 대하여 다음이 성립한다.

① $f(-x)=f(x)$ 이면 $\int_{a}^{a} f(x)dx = 2\int_{0}^{a} f(x)dx$

② $f(-x)=-f(x)$ 이면 $\int_{-a}^{a} f(x)dx = 0$

예제 다음 정적분을 구하여라.

① $\int_{-2}^{2}(x^3 - x^2)dx$　　　② $\int_{-\frac{\pi}{4}}^{\frac{\pi}{4}}(\cos x - \sin x)dx$

풀이 ① $(-x)^3 = -x^3$, $(-x)^2 = x^2$ 이므로

$$\int_{-2}^{2}(x^3 + x^2)dx = \int_{-2}^{2} x^3 dx + \int_{-2}^{2} x^2 dx$$

$$= 0 + 2\int_{0}^{2} x^2 dx = 2\left[\frac{1}{3}x^3\right]_{0}^{2} = \frac{16}{3}$$

② $\cos(-x) = \cos x$, $\sin(-x) = -\sin x$ 이므로

$$\int_{-\frac{\pi}{4}}^{\frac{\pi}{4}}(\cos x - \sin x)dx = \int_{-\frac{\pi}{4}}^{\frac{\pi}{4}} \cos x dx - \int_{-\frac{\pi}{4}}^{\frac{\pi}{4}} \sin \pi dx$$

$$= 2\int_{0}^{\frac{\pi}{4}} \cos x dx = 2[\sin x]_{0}^{\frac{\pi}{4}} = \sqrt{2}$$

4. 정적분의 부분적분법

부정적분의 부분적분법을 이용하여 다음 정적분의 부분적분법의 공식을 얻을 수 있다.

$$\int_{a}^{b} f(x)g'(x)dx = [f(x)g(x)]_{a}^{b} - \int_{a}^{b} f'(x)g(x)dx$$

예제 다음 정적분을 구하여라.

① $\int_0^1 3xe^x dx$　　② $\int_0^{\frac{\pi}{2}} x\sin 2x dx$

풀이 ① $f(x)=x$, $g'(x)=e^x$로 놓으면 $f'(x)=1$, $g(x)=e^x$이므로

$$\int_0^1 3xe^x dx = 3\left(\left[xe^x\right]_0^1 - \int_0^1 e^x dx\right) = 3\left(e - \left[e^x\right]_0^1\right) = 3$$

② $f(x)=x$, $g'(x)=\sin 2x$로 놓으면

$$f'(x)=1,\ g(x)=\frac{-1}{2}(\cos 2x)$$

$$\begin{aligned}\int_0^{\frac{\pi}{2}} x\sin 2x dx &= \left[x\cdot\left(-\frac{\cos 2x}{2}\right)\right]_0^{\frac{\pi}{2}} - \int_0^{\frac{\pi}{2}}\left(-\frac{\cos 2x}{2}\right)dx \\ &= \frac{\pi}{2}\left(\frac{1}{2}\right) + \frac{1}{2}\int_0^{\frac{\pi}{2}}\cos 2x dx \\ &= \frac{\pi}{4} + \frac{1}{2}\left[\frac{\sin 2x}{2}\right]_0^{\frac{\pi}{2}} = \frac{\pi}{4}\end{aligned}$$

(1) 무한급수의 합과 정적분

앞 절의 도형의 넓이에서 언급했던 구분구적법의 뜻을 확장하여 보자. 먼저 함수 $y=f(x)$가 구간 $[a,\ b]$에서 연속이고 $f(x)\geq 0$일 때, 곡선 $y=f(x)$와 x축 및 두 직선 $x=a$, $x=b$로 둘러싸인 도형의 넓이 S는

$$S = \int_a^b f(x)dx$$

로 나타내어진다.

구간 $[a,\ b]$를 n등분하여 양 끝점과 각 분점의 x좌표를

$$a = x_0,\ x_1,\ x_2,\ \cdots,\ x_{n-1},\ x_n = b$$

라 하고, 소구간의 길이를 Δx라고 하면 $\Delta x = \dfrac{b-a}{n}$이다.

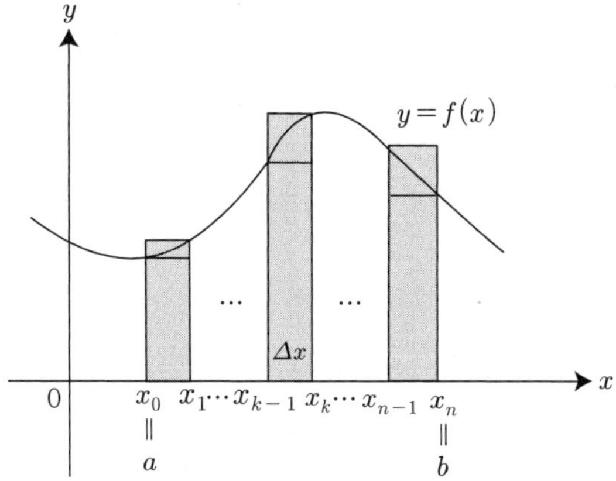

위 그림과 같이, 밑변의 길이가 Δx이고, 각 소구간에서 높이가 $f(x_{k-1})$인 직사각형의 넓이의 합 S_n은 다음과 같다.

$$S_n = f(x_0)\cdot\Delta x + f(x_1)\cdot\Delta x + \cdots + f(x_{n-1})\cdot\Delta x = \sum_{k=0}^{n-1} f(x_k)\Delta x$$

이제 높이가 $f(x_k)$인 직사각형의 넓이의 합 T_n을 생각하면

$$T_n = f(x_1)\Delta x + f(x_2)\Delta x + \cdots + f(x_n)\Delta x = \sum_{k=1}^{n} f(x_k)\Delta x$$

가 된다. 여기서 n이 한없이 커지면 S_n과 T_n은 위의 도형의 넓이 S에 가까워진다. 즉,

$$S = \lim_{n\to\infty} S_n = \lim_{n\to\infty} T_n$$

이상에서, 무한급수의 값과 정적분의 관계를 얻을 수 있다.

◈ 함수 $y = f(x)$가 구간 $[a,\ b]$에서 연속일 때

$$\lim_{n\to\infty}\sum_{k=1}^{n} f(x_{k-1})\Delta x = \lim_{n\to\infty}\sum_{k=1}^{n} f(x_k)\Delta x = \int_a^b f(x)dx$$

단, $\Delta x = \dfrac{b-a}{n},\ \ x_k = a + k\Delta x$

예제 다음 극한값을 정적분을 이용하여 구하여라.

① $\lim_{n\to\infty}\left(\frac{1}{n+2}+\frac{1}{n+4}+\cdots+\frac{1}{n+2n}\right)$

② $\lim_{n\to\infty}\frac{1}{n}\left(\sin\frac{\pi}{n}+\sin\frac{2\pi}{n}+\cdots+\sin\frac{n\pi}{n}\right)$

풀이 ① $\frac{1}{n+2}+\frac{1}{n+4}+\cdots+\frac{1}{n+2n}$

$=\sum_{k=1}^{n}\frac{1}{n+2k}=\sum_{k=1}^{n}\frac{1}{1+\frac{2k}{n}}\cdot\frac{1}{n}$

$f(x)=\frac{1}{1+2x}$로 놓으면 $f\left(\frac{k}{n}\right)=\frac{1}{1+\frac{2k}{n}}$이고,

$x_k=0+k\cdot\frac{1-0}{n}$, $\Delta x=\frac{1-0}{n}$이라고 하면, 정적분의 정의에 의하여

$$\lim_{n\to\infty}\sum_{k=1}^{n}\frac{1}{n+2k}=\lim_{n\to\infty}\sum_{k=1}^{n}\frac{1}{1+2\left(\frac{k}{n}\right)}\cdot\frac{1}{n}=\int_0^1\frac{1}{1+2x}dx$$

$$=\left[\frac{1}{2}\ln|1+2x|\right]_0^1=\frac{1}{2}\ln3$$

② $\sin\frac{\pi}{n}+\sin\frac{2\pi}{n}+\cdots+\sin\frac{n\pi}{n}=\sum_{k=1}^{n}\sin\pi\left(\frac{k}{n}\right)$

$f(x)=\sin\pi x$로 놓으면 $f\left(\frac{k}{n}\right)=\sin\pi\cdot\frac{k}{n}$이므로, 정적분의 정의에 의해

$$\lim_{n\to\infty}\sum_{k=1}^{n}\sin\pi\left(\frac{k}{n}\right)\cdot\frac{1}{n}=\int_0^1\sin\pi x dx=\left[\frac{-1}{\pi}\cos\pi x\right]_0^1=\frac{2}{\pi}$$

···> 연습문제

2-1 다음 정적분을 구하여라.

① $\int_0^5 \sqrt{x+4}\,dx$ ② $\int_1^e \frac{1}{x}dx$

2-2 다음 정적분을 구하여라.

① $\int_0^3 |x-2|dx$ ② $\int_{\frac{\pi}{2}}^{\pi} (\sin x+\cos x)^2 dx$

2-3 다음 정적분을 구하여라.

① $\int_{-3}^3 \sqrt{9-x^2}\,dx$ ② $\int_0^1 \frac{dx}{\sqrt{4-x^2}}$

2-4 다음 정적분을 구하여라.

① $\int_0^1 \ln(x+1)dx$ ② $\int_1^2 x\ln x dx$

2-5 정적분을 이용하여 $\lim_{n\to\infty}\frac{1}{n^3}\left(1^2+2^2+\cdots+n^2\right)$을 구하여라.

Ⅲ 정적분의 활용

1. 넓이

연속함수 $y=f(x)$가 구간 $[a,\ b]$에서 $f(x) \geq 0$ 일 때, 곡선 $y=f(x)$, x축 및 두 직선 $x=a$와 $x=b$로 둘러싸인 부분의 넓이 S는 다음 정적분으로 주어짐을 알고 있다.

$$S=\int_a^b f(x)dx$$

만일 함수 $y=f(x)$가 $[a,\ b]$에서 $f(x) \leq 0$이면 $-f(x) \geq 0$이므로 넓이 S는 $y=f(x)$를 x축에 관하여 대칭이동시킨 $y=-f(x)$와 x축 및 두 직선 $x=a$, $x=b$로 둘러싸인 도형의 넓이와 같다. 따라서

$$S=\int_a^b \{-f(x)\}dx=\int_a^b |f(x)|dx$$

이상을 정리해 보면

> 함수 $y=f(x)$가 구간 $[a,\ b]$ 에서 연속일 때, 곡선 $y=f(x)$와 x축 및 두 직선 $x=a$, $x=b$로 둘러싸인 도형의 넓이 S는
>
> $$S=\int_a^b |f(x)|dx$$

예제 함수 $y=\sin x (0 \leq x \leq 2\pi)$와 x축으로 둘러싸인 도형의 넓이를 구하여라.

풀이

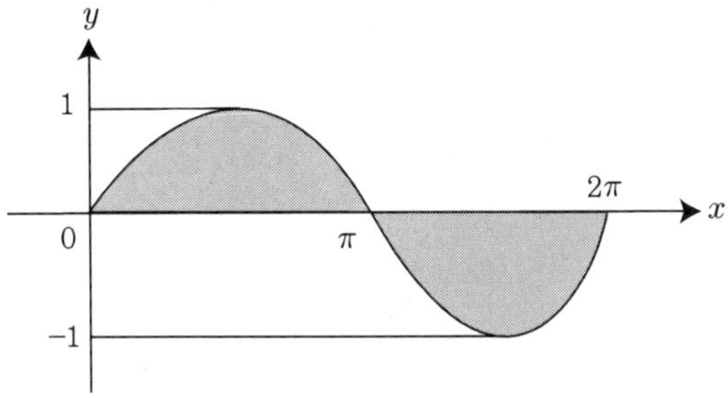

함수 $y=\sin x$의 그래프는 $[0,\ \pi]$에서 $\sin x \geq 0$이고 $[\pi,\ 2\pi]$에서 $\sin x \leq 0$이므로

$$S=\int_0^{\pi}\sin x dx+\int_{\pi}^{2\pi}(-\sin x)dx$$
$$=\left[-\cos x\right]_0^{\pi}+\left[\cos x\right]_{\pi}^{2\pi}=2+2=4$$

예제 곡선 $y=e^x\ (0\leq x\leq 2)$과 x축으로 둘러싸인 도형의 넓이를 구하여라.

풀이 $S=\int_0^2 e^x dx=\left[e^x\right]_0^2=e^2-1$

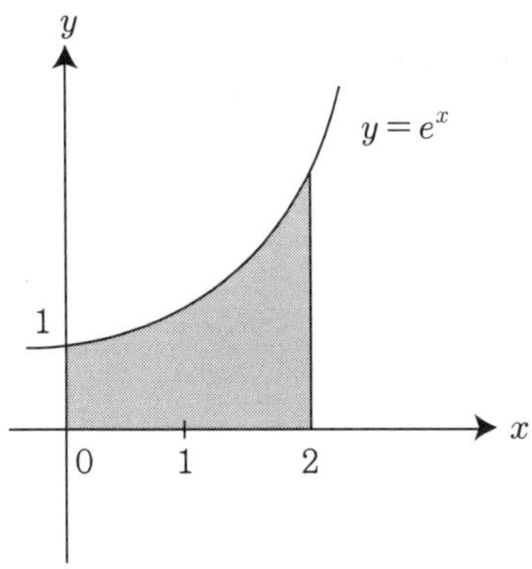

이제 두 곡선으로 둘러싸인 도형의 넓이를 구하여보자.

구간 $[a,\ b]$에서 연속인 두 곡선 $y=f(x),\ y=g(x)\ \ (f(x)\geq g(x)\geq 0)$와

두 직선 $x=a$ $x=b$ $(a<b)$로 둘러싸인 도형의 넓이를 S 라고 하자.

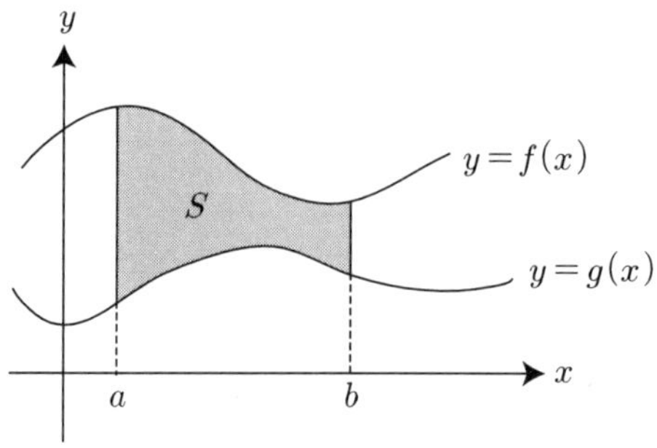

위 그림에서 알 수 있듯이 S는 곡선 $y=f(x)$와 x축 및 $x=a$, $x=b$로 둘러싸인 부분의 넓이에서, $y=g(x)$와 x축 그리고 $x=a$, $x=b$로 둘러싸인 부분의 넓이를 뺀 값과 같으므로

$$S=\int_a^b f(x)dx-\int_a^b g(x)dx=\int_a^b \{f(x)-g(x)\}dx$$

이다. 만일 구간 $[a,\ b]$에서 $f(x)\geq g(x)$이고 $f(x)$ 또는 $g(x)$가 음의 값을 가지는 경우에는 y축 방향으로 평행이동하여 $f(x)\geq g(x)\geq 0$ 이 되도록 할 수 있으므로 이상을 정리하면 다음과 같다.

구간 $[a,\ b]$에서 연속인 두 곡선 $y=f(x)$, $y=g(x)$와 두 직선 $x=a$, $x=b$ $(a<b)$로 둘러싸인 도형의 넓이 S는

$$S=\int_a^b |f(x)-g(x)|dx$$

예제 포물선 $y=x^2-2x-1$과 직선 $y=x-1$로 둘러싸인 부분의 넓이를 구하여라.

풀이

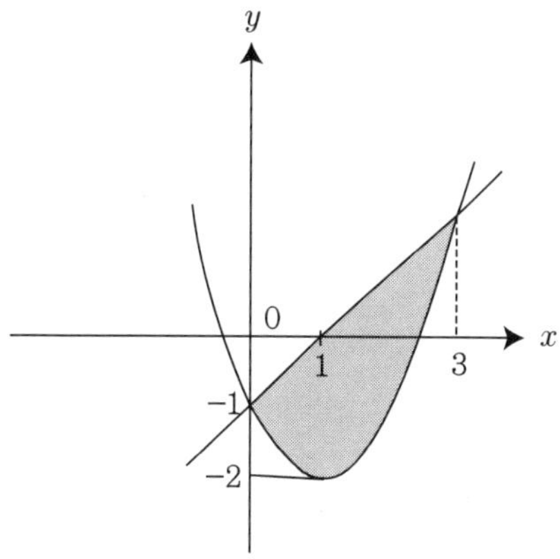

먼저 포물선과 직선의 교점의 x좌표를 구하면

$$x^2-2x-1=x-1$$
$$x^2-3x=0$$
$$\therefore x=0,\ x=3$$

따라서, 구하는 넓이 S는

$$S=\int_0^3\{(x-1)-(x^2-2x-1)\}dx$$
$$=\int_0^3(-x^2+3x)dx=\left[-\frac{1}{3}x^3+\frac{3}{2}x^2\right]_0^3=\frac{9}{2}$$

도형의 넓이를 구할 때, 도형의 모양에 따라 y에 대하여 적분하는 것이 더 편리한 경우가 있다.

함수 $x=g(y)$가 구간 $[c,\ d]$에서 연속이고 $g(y)\geq 0$일 때 곡선 $x=g(y)$와 y축 및 두 직선 $y=c$, $y=d$로 둘러싸인 도형의 넓이 S는 다음과 같다.

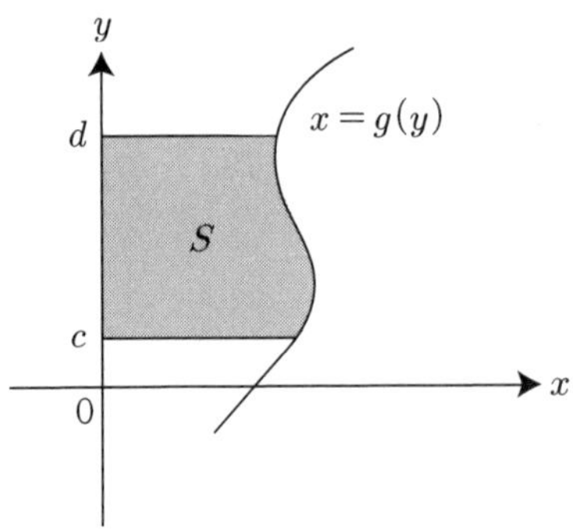

$$S = \int_c^d g(y)dy$$

예제 곡선 $y^2 = x$와 직선 $y = x - 2$로 둘러싸인 도형의 넓이를 구하여라.

풀이

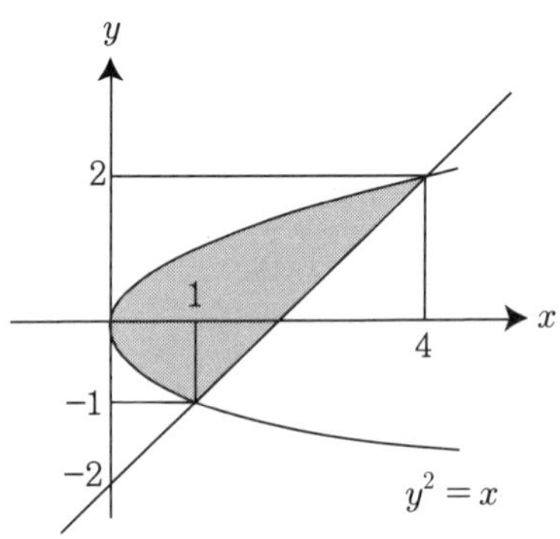

먼저 곡선 $y^2 = x$와 직선 $y = x - 2$의 교점의 y좌표를 구하면

$$y^2 = y + 2$$
$$y^2 - y - 2 = 0$$
$$\therefore y = -1,\ y = 2$$

따라서 구하는 넓이 S는

$$S = \int_{-1}^{2} \{(y+2) - y^2\}dy = \left[-\frac{1}{3}y^3 + \frac{1}{2}y^2 + 2y\right]_{-1}^{2} = \frac{9}{2}$$

넓이 S를 x에 관한 적분으로 구하는 경우도 생각해 보자.

2. 부피

정적분을 이용하여 입체 도형의 부피를 구해보자.

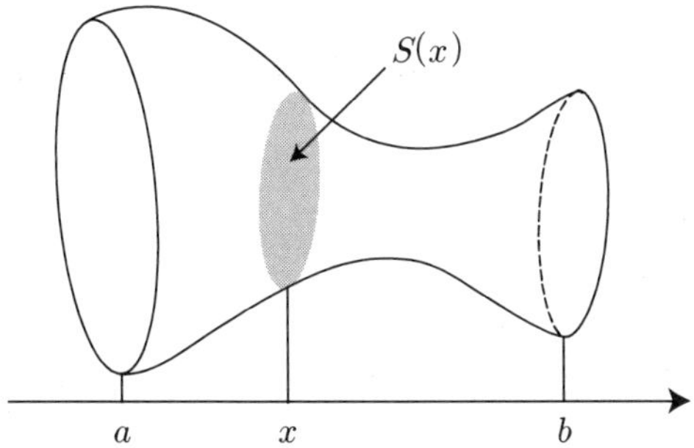

위의 그림과 같은 입체 도형에서 x축에 수직인 평면으로 자른 단면의 넓이를 $S(x)$라 할 때, 두 평면 사이에 있는 입체도형의 부피 V를 구해보자.

x축 위의 구간 $[a,\ b]$를 n등분하여 양 끝점과 각 분점의 x좌표를

$$a = x_{0},\ x_{1}, x_{2},\ \cdots,\ x_{n-1},\quad x_{n} = b$$

라 하고, 소구간의 길이를 $\Delta x = \dfrac{b-a}{n}$라 하자.

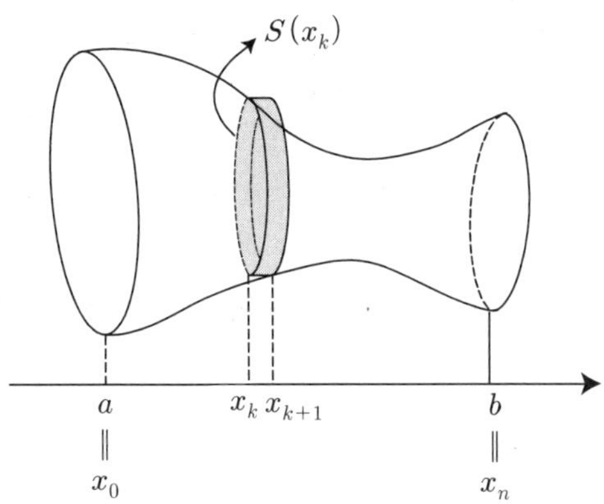

위의 그림과 같이 밑면의 넓이가 $S(x_k)$이고 높이가 Δx인 원기둥의 부피는 $S(x_k)\Delta x$이므로 이런 n개의 원기둥들의 부피의 합을 V_n이라고 하면

$$V_n = \sum_{k=1}^{n} S(x_k)\Delta x$$

따라서 구하는 입체의 부피 V는 구분구적법과 정적분의 정의에 의하여

$$V = \lim_{n\to\infty} V_n = \lim_{n\to\infty}\sum_{k=1}^{n} S(x_k)\Delta x = \int_a^b S(x)dx$$

가 된다.

구간 $[a, b]$에서 임의의 점 x에서 x축에 수직인 평면으로 자른 입체의 단면 넓이가 $S(x)$일 때, 그 입체의 부피 V는

$$V = \int_a^b S(x)dx$$

예제 정적분을 이용하여 밑면의 반지름의 길이가 r이고 높이가 h인 원뿔의 부피를 구하여라.

풀이 아래 그림과 같이 원뿔의 꼭지점을 원점으로 하는 x축을 잡을 때, 좌표가 x인 점에서 x축에 수직인 평면으로 원뿔을 자른 단면의 넓이를 $S(x)$라 하면

$$S(x) : \pi r^2 = x^2 : h^2 \quad \therefore S(x) = \frac{\pi r^2 x^2}{h^2}$$

($\because$ 닮은 도형에서 닮음비가 $a : b$이면 넓이의 비는 $a^2 : b^2$)

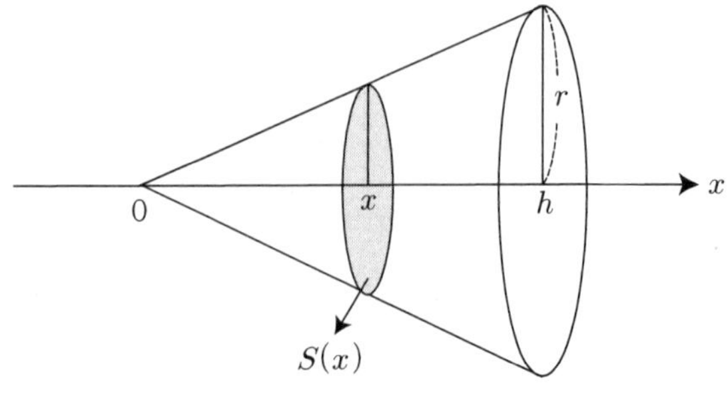

따라서, 원뿔의 부피 V는

$$V=\int_0^h S(x)dx=\int_0^h \frac{\pi r^2x^2}{h^2}dx=\frac{\pi r^2}{h^2}\left[\frac{x^3}{3}\right]_0^h=\frac{1}{3}\pi r^2h.$$

이제, 회전체의 부피를 구해보자.

구간 $[a,b]$에서 연속인 함수 $y=f(x)$를 x축을 둘레로 회전시킬 때 생기는 회전체의 부피 V를 구하여 보자.

아래 그림과 같이 x좌표가 x인 점을 지나 x축에 수직인 평면으로 이 회전체를 자르면, 그 단면은 반지름의 길이가 $|f(x)|$인 원이 된다. 이때, 단면의 넓이를 $S(x)$라고 하면

$$S(x)=\pi y^2=\pi\{f(x)\}^2$$

이다. 따라서, 구하는 회전체의 부피 V는

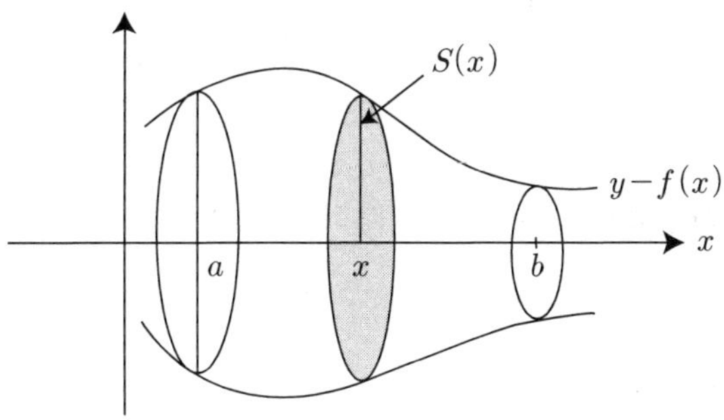

$$V=\int_a^b S(x)dx=\pi\int_a^b\{f(x)\}^2dx$$

이상을 정리하면

> 구간 $[a,b]$에서 곡선 $y=f(x)$를 x축 둘레로 회전시킬 때, 생기는 회전체의 부피 V는
>
> $$V=\int_a^b \pi y^2dx=\pi\int_a^b\{f(x)\}^2dx$$

예제 구간 [0, 1]에서 곡선 $y=x^2+1$과 x축으로 둘러싸인 영역을 x축을 둘레로 회전시켜 생기는 회전체의 부피 V를 구하여라.

풀이

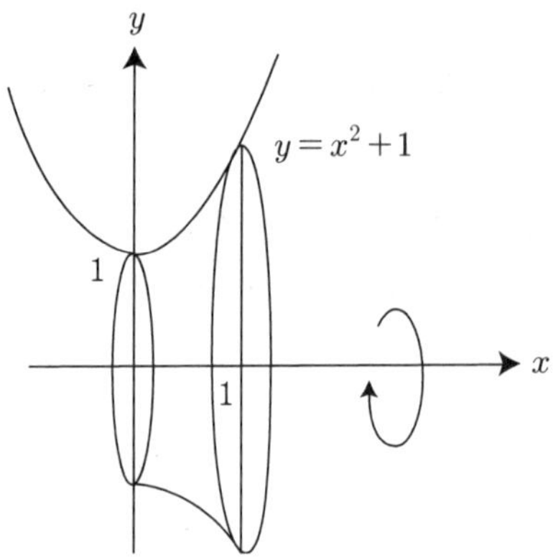

$$V=\pi\int_0^1 (x^2+1)^2\,dx=\pi\left[\frac{1}{5}x^5+\frac{2}{3}x^3+x\right]_0^1=\frac{28}{15}\pi$$

예제 반지름의 길이가 r인 구의 부피를 구하여라.

풀이

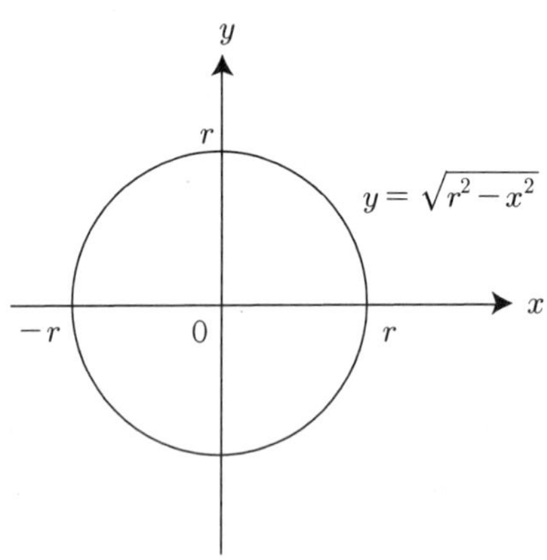

반지름의 길이가 r인 구는 원점을 중심으로 하고 반원 $y=\sqrt{r^2-x^2}$ 을 x축을 둘레로 회전하여 생기는 회전체이므로 부피 V는

$$\begin{aligned} V &= \pi\int_{-r}^{r}\left(\sqrt{r^2-x^2}\right)^2 dx \\ &= \pi\int_{-r}^{r}(r^2-x^2)dx = 2\pi\int_{0}^{r}(r^2-x^2)dx \\ &= 2\pi\left[r^2x-\frac{1}{3}x^3\right]_0^r = \frac{4}{3}\pi r^3 \end{aligned}$$

두 곡선으로 둘러싸인 도형을 회전시킨 회전체의 부피를 구해보자.

구간 $[a, b]$에서 두 곡선 $y=f(x), y=g(x)\,(0 \le g(x) \le f(x))$를 x축을 둘레로 회전시켜 생긴 회전체의 부피 V는 $y=f(x)$를 회전시켜 얻은 회전체의 부피에서 $y=g(x)$를 회전시켜 얻은 회전체의 부피를 뺀 것과 같으므로

$$\begin{aligned} V &= \pi\int_a^b \{f(x)\}^2 dx - \pi\int_a^b \{g(x)\}^2 dx \\ &= \pi\int_a^b [\{f(x)\}^2 - \{g(x)\}^2]\, dx \end{aligned}$$

가 된다.

예제 포물선 $y=x^2-4$과 직선 $y=x-2$로 둘러싸인 부분을 x축을 둘레로 회전하여 생기는 회전체의 부피를 구하여라.

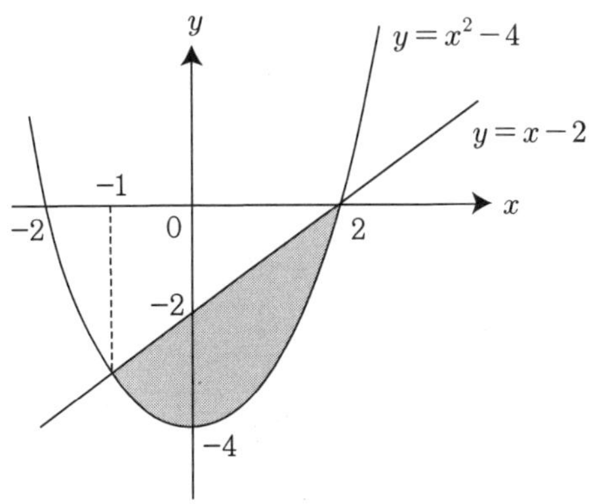

풀이 $y=x^2-4$와 $y=x-2$의 교점의 x좌표를 구하면

$$x^2 - 4 = x - 2 \quad x^2 - x - 2 = 0$$
$$\therefore x = -1,\ 2$$

$-1 \le x \le 2$에서 포물선이 직선보다는 회전축에서 멀리 있으므로 구하는 부피 V는

$$V = \pi \int_{-1}^{2} \{(x^2-4)^2 - (x-2)^2\} dx$$
$$= \pi \int_{-1}^{2} (x^4 - 9x^2 + 4x + 12) dx$$
$$= \pi \left[\frac{x^5}{5} - 3x^3 + 2x^2 + 12x \right]_{-1}^{2} = \frac{108}{5}\pi$$

예제 원 $x^2 + (y-2)^2 = 1$을 x축을 둘레로 회전시켜 생긴 회전체의 부피 V를 구하여라.

풀이

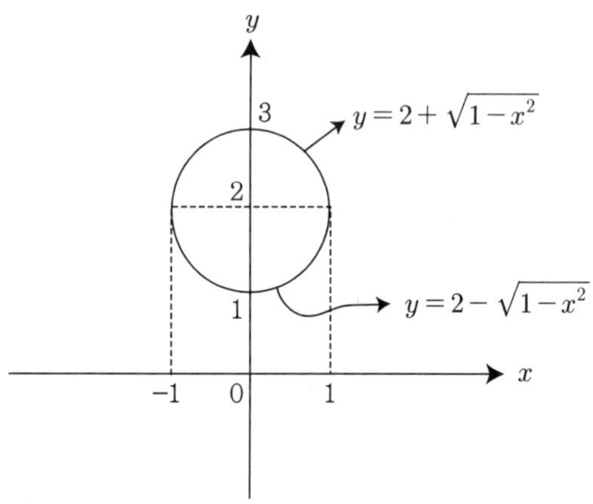

$y = 2 \pm \sqrt{1-x^2}$ 이므로

$$V = \pi \int_{-1}^{1} \left\{ \left(2 + \sqrt{(1-x^2)}\right)^2 - \left(2 - \sqrt{1-x^2}\right)^2 \right\} dx$$
$$= \pi \int_{-1}^{1} 8\sqrt{1-x^2}\, dx$$

$$= 8\pi \int_{-1}^{1} \sqrt{1-x^2}\,dx = 16\pi \int_{0}^{1} \sqrt{1-x^2}\,dx$$

그런데 $\int_{0}^{1} \sqrt{1-x^2}\,dx$ 는 반지름의 길이가 1인 원의 넓이의 1/4과 같으므로

$$V = 16\pi \cdot \frac{\pi}{4} = 4\pi^2$$

3. 속도와 거리

정적분을 이용하여 직선 또는 평면 위를 움직이는 물체의 위치의 변화와 움직인 거리를 구해 보자.

수직선 위를 움직이는 물체의 시각 t에서의 위치 (좌표)를 $x = f(t)$라 하자. 시각이 t에 $t+\Delta t$까지 변화할 때 물체의 위치의 변화를 Δx라고 하면 $\frac{\Delta x}{\Delta t}$는 시각 t에서 $t+\Delta t$까지의 물체의 평균 속도이고

$$\frac{\Delta x}{\Delta t} = \frac{f(t+\Delta t) - f(t)}{\Delta t}$$

이다. 따라서 $\Delta t \to 0$일 때,

$$\lim_{\Delta t \to 0} \frac{\Delta x}{\Delta t} = \lim_{\Delta x \to 0} \frac{f(t+\Delta t) - f(t)}{\Delta t} = f'(t)$$

를 시각 t에서의 속도, 또는 순간 속도라 하고 $v(t)$로 나타낸다.

시각 t에서의 속도 $v(t)$는

$$v(t) = f'(t)$$

이므로 $f(t)$는 $v(t)$의 한 부정적분이다.
따라서 속도 $v(t)$로 움직이는 물체의 시각 $t=a$에서 시각 $t=b$까지 위치의 변화는

$$f(b)-f(a)=\int_a^b f'(t)dt=\int_a^b v(t)dt$$

또, 이 경우 물체가 실제로 움직인 거리 s는

$$S=\int_a^b |v(t)|dt$$

예제 지상으로부터 20m의 높이에서 49m/초의 속도로 똑바로 위로 쏘아올린 로켓의 t초 후의 속도는

$$v(t)=49-9.8t(\text{m}/\text{초})$$

라고 한다. 이 로켓이 최고 지점에 도달할 때의 시각과 그때의 지상으로 부터의 높이를 구하여라.

풀이 최고지점에 도착할 때 이 로켓의 속도는 0이므로

$$v(t)=49-9.8t=0 \quad \therefore t=5$$

이때 지상으로부터의 높이를 h라 하면

$$h=20+\int_0^5 |49-9.8t|dt=20+\left[49t-4.9t^2\right]_0^5$$
$$=142.5(\text{m})$$

좌표 평면 위를 움직이는 점 P의 좌표 (x,y)가 시각 t의 함수 $x=f(t)$, $y=g(t)$로 주어지는 경우를 생각해 보자.

시각 t에서의 점 P의 속도 $v(t)$는

$$v(t)=\left(\frac{dx}{dt},\frac{dy}{dt}\right)$$

로 주어진다.

이제 점 P가 시각 $t=a$에서 $t=b$까지 실제로 움직인 거리 S를 구하여보자.

시점 $A(f(a),\ g(a))$에서 점 $P(f(t),g(t))$까지 실제로 움직인 거리를 $S(t)$

라 하고, 시각 t의 증분 Δt에 대한 x, y의 증분을 각각 Δx, Δy라고 하면, $|\Delta t|$가 충분히 작을 때, $S(t)$의 증분 ΔS는 두 점

$$P(f(t),\ g(t)),\ Q(f(t+\Delta t),\ g(t+\Delta t))$$

를 잇는 선분 PQ의 길이와 거의 같다. 즉,

$$\Delta S \fallingdotseq \overline{PQ} = \sqrt{(\Delta x)^2 + (\Delta y)^2}$$

따라서, $\dfrac{\Delta S}{\Delta t} \fallingdotseq \sqrt{\left(\dfrac{\Delta x}{\Delta t}\right)^2 + \left(\dfrac{\Delta y}{\Delta t}\right)^2}$

여기서 $\Delta t \to 0$일 때

$$\frac{dS}{dt} = \sqrt{\left(\frac{dx}{dt}\right)^2 + \left(\frac{dy}{dt}\right)^2} = |v(t)|$$

이것은 속도 $v(t)$의 크기 $|v(t)|$와 같다.

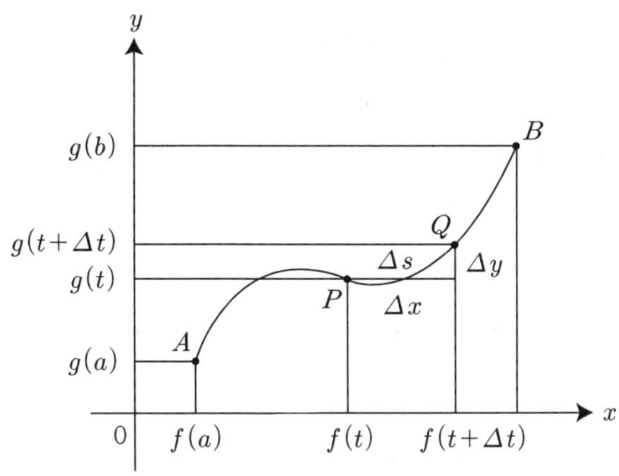

그러므로 점 P가 시각 $t=a$에서 $t=b$까지 실제로 움직인 거리 S는 다음과 같다.

$$S = \int_a^b |v(t)|dt = \int_a^b \sqrt{\left(\frac{dx}{dt}\right)^2 + \left(\frac{dy}{dt}\right)^2}\, dt$$

예제 좌표평면 위를 움직이는 점 P의 시각 t에서의 좌표$(x,\ y)$가 $x=e^t\cos t$, $y=e^t\sin t$로 나타날 때, $t=0$에서 $t=2$0까지 점 P가 움직인 거리 S를 구하여라.

풀이 $\dfrac{dx}{dt}=e^t(\cos t-\sin t)$, $\dfrac{dy}{dt}=e^t(\sin t+\cos t)$이므로

$$\begin{aligned}\therefore S&=\int_0^2\sqrt{\left(\frac{dx}{dt}\right)^2+\left(\frac{dy}{dt}\right)^2}\,dt\\&=\int_0^2\sqrt{e^{2t}\cdot 2}\,dt=\int_0^2\sqrt{2}\,e^t dt\\&=\sqrt{2}\int_0^2 e^t dt=\sqrt{2}\,(e^2-1)\end{aligned}$$

4. 곡선의 길이

앞에서 배웠던 움직인 거리를 응용하여 곡선의 길이를 구해보자.

곡선이 매개변수 t를 사용하여 $x=f(t)$, $y=g(t)\,(a\le t\le b)$로 나타내어질 때, 이 곡선의 길이 l을 구해보자.

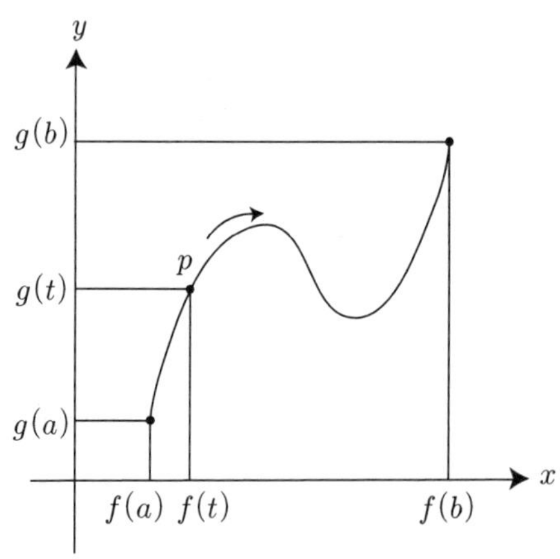

순서쌍 $(x,\ y)$를 점 P의 좌표로 생각하면 곡선의 길이 l은 점 P가 시각 $t=a$에서 $t=b$까지 움직인 거리와 일치한다. 따라서, 다음 곡선의 길이를 구하는 식을 얻을 수 있다.

곡선 $x=f(t),\ y=g(t)\,(a \le t \le b)$의 길이 l은

$$l=\int_a^b \sqrt{(\frac{dx}{dt})^2+(\frac{dy}{dt})^2}\,dt=\int_a^b \sqrt{\{\ f'(t)\}^2+\{g'(t)\}^2}\,dt$$

예제 곡선 $x=t-\sin t,\ y=1-\cos t\ (0 \le t \le 2\pi)$의 길이 l을 구하여라.

풀이 $\frac{dx}{dt}=1-\cos t,\ \frac{dy}{dt}=\sin t$이므로

$$l=\int_0^{2\pi} \sqrt{(1-\cos t)^2+\sin^2 t}\,dt=\int_0^{2\pi} \sqrt{2(1-\cos t)}\,dt$$

$$=\int_0^{2\pi} \sqrt{4\sin^2\frac{t}{2}}\,dx=2\int_0^{2\pi} \sin\frac{t}{2}dt=2\left[-2\cos\frac{t}{2}\right]_0^{2\pi}=8$$

곡선의 방정식이 $y=f(x)\ (a \le x \le b)$의 꼴인 경우

$$x=t,\ y=f(t)\,(a \le t \le b)$$

로 놓으면 다음이 성립한다.

$$\frac{dx}{dt}=1 \qquad \frac{dy}{dt}=f'(t)$$

따라서, 다음 곡선의 길이를 구하는 식을 얻을 수 있다.

곡선 $y=f(x)\,(a \le x \le b)$의 길이 l은

$$l=\int_a^b \sqrt{1+\left(\frac{dy}{dt}\right)^2}\,dt=\int_a^b \sqrt{1+\{f'(x)\}^2}\,dx$$

예제 곡선 $y=\frac{2}{3}x\sqrt{x}\,(0 \le x \le 2)$의 길이를 구하여라.

풀이 $\frac{dy}{dx}=\sqrt{x}$ 이므로

$$l=\int_0^2 \sqrt{1+(\frac{dy}{dx})^2}\,dx=\int_0^2 \sqrt{1+x}\,dx=[\frac{2}{3}(1+x)^{\frac{3}{2}}]_0^2$$

$$=\frac{2}{3}(3\sqrt{3}-1)$$

···› 연습문제

3-1 타원 $\frac{x^2}{a^2}+\frac{y^2}{b^2}=1$의 넓이를 구하여라. (단, $a>0$, $b>0$)

3-2 $0 \le x \le \pi$에서 두 곡선 $y=\sin x$, $y=\cos x$로 둘러싸인 도형의 넓이를 구하여라.

3-3 정적분을 이용하여 정사각형인 밑면의 한변의 길이가 a, 높이가 h인 사각뿔의 부피를 구하여라.

3-4 두 곡선 $y=\sin x$, $y=\cos x$ $\left(0 \le x \le \frac{\pi}{4}\right)$와 y축으로 둘러싸인 도형을 x축 둘레로 회전시켜 생긴 회전체의 부피를 구하여라.

3-5 곡선 $y=\frac{e^x+e^{-x}}{2}$ $(0 \le x \le 2)$의 길이를 구하여라.

3-6 수직선 위를 움직이는 점 P의 시각 t에서의 속도 $v(t)$가 $v(t)=\sin 2t$일 때 $t=0$에서 $t=\pi$까지 점 P가 실제로 움직인 거리를 구하여라.

CHAPTER_ 05

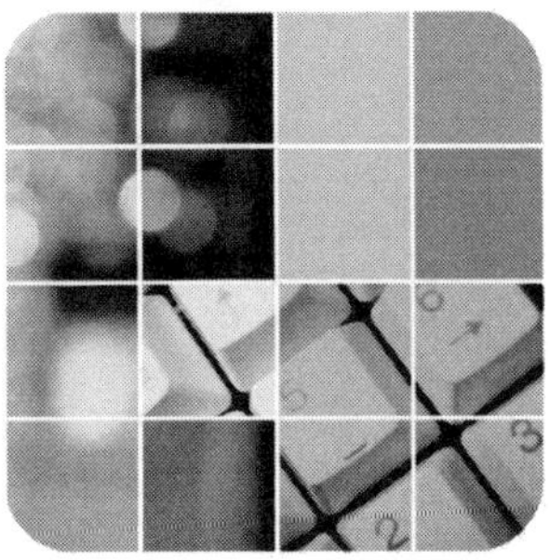

행렬과 벡터

Ⅰ 행렬

Ⅱ 벡터

●●● 어떤 물리적 현상을 해석하는데 있어서 수식은 행렬과 벡터의 형태로 표현될 수 있으며, 이 때 그 계산은 매우 간편하게 수행될 수 있다.

이 장에서는 이러한 행렬과 벡터의 기초적인 내용을 습득하고 추후 선형대수학 및 선형해석학을 공부하는데 도움을 주고자 한다.

Ⅰ 행렬

1. 행렬의 기초내용

(1) 행렬(Matrix)의 정의

- 행(row) : 행렬의 가로줄
- 열(column) : 행렬의 세로줄

	1열	2열	3열
1행	1	2	3
2행	4	5	6
3행	7	8	9

〈 3×3행렬 〉

※ $1\times n$ 행렬 = n 차원 행벡터

$m\times 1$ 행렬 = m차원 열벡터

예제 다음 행렬은 몇×몇 행렬인가?

$$\begin{pmatrix} 0 & 1 & 2 & 3 & 4 \end{pmatrix}$$

풀이 1×5행렬

예제 다음의 3×5행렬에서 2행 3열의 값은 얼마인가?

$$\begin{pmatrix} 0 & 1 & 2 & 3 & 4 \\ 5 & 6 & 7 & 8 & 9 \\ 10 & 11 & 12 & 13 & 14 \end{pmatrix}$$

풀이

$$\begin{pmatrix} 0 & 1 & 2 & 3 & 4 \\ 5 & 6 & \boxed{7} & 8 & 9 \\ 10 & 11 & 12 & 13 & 14 \end{pmatrix} \begin{matrix} 1행 \\ ②행 \\ 3행 \end{matrix}$$

1열 2열 ③열 4열 5열

이므로 7이다.

(2) 행렬의 성분

• 행렬의 (i,j)성분 : i행과 j열이 교차하는 위치에 있는 성분을 의미한다. a_{ij}와 같이 두 개의 첨자를 이용하여 나타낼 수 있다.

$$A = \begin{pmatrix} a_{11} & a_{12} & a_{13} \\ a_{21} & a_{22} & a_{23} \end{pmatrix}$$

혹은 $A = (a_{ij})$, $i = 1,2$, $j = 1,2,3$

예제 다음 행렬 A의 성분이 $a_{ij} = i + 2j + 3$과 같은 관계식일 때 행렬 A를 구하시오.

$$A = \begin{pmatrix} a_{11} & a_{12} \\ a_{21} & a_{22} \end{pmatrix}$$

풀이

$$\begin{aligned} a_{11} &= (1) + 2 \times (1) + 3 = 6 \\ a_{12} &= (1) + 2 \times (2) + 3 = 8 \\ a_{21} &= (2) + 2 \times (1) + 3 = 7 \\ a_{22} &= (2) + 2 \times (2) + 3 = 9 \end{aligned}$$

$$\therefore A = \begin{pmatrix} 6 & 8 \\ 7 & 9 \end{pmatrix}$$

(3) 행렬의 상등

$$\begin{pmatrix} a_{11} & a_{12} \\ a_{21} & a_{22} \end{pmatrix} = \begin{pmatrix} b_{11} & b_{12} \\ b_{21} & b_{22} \end{pmatrix}$$

$$\Leftrightarrow \quad \begin{matrix} a_{11} = b_{11}, & a_{12} = b_{12} \\ a_{21} = b_{21}, & a_{22} = b_{22} \end{matrix}$$

예제 다음 행렬 A, B에서 $A = B$를 만족시키는 x, y 값을 구하시오.

$$A = \begin{pmatrix} x + 2y & 2 \\ 3x & 3y \end{pmatrix} \qquad B = \begin{pmatrix} 8 & 2 \\ 6 & 9 \end{pmatrix}$$

풀이

$x+2y=8$ ······· ①
$2=2$ ······· ②
$3x=6$ ······· ③
$3y=9$ ······· ④

먼저 ③식으로부터 $x=2$를 구하고,
④식으로부터 $y=3$을 구한다.
①식과 ②식은 자동으로 만족함을 알 수 있다.
$\therefore x=2, y=3$

2. 행렬의 연산

(1) 덧셈, 뺄셈, 실수배

• 덧셈

$$A=\begin{pmatrix} a_{11} & a_{12} \\ a_{21} & a_{22} \end{pmatrix},\ B=\begin{pmatrix} b_{11} & b_{12} \\ b_{21} & b_{22} \end{pmatrix} \text{ 일 때,}$$

$$A+B=\begin{pmatrix} a_{11}+b_{11} & a_{12}+b_{12} \\ a_{21}+b_{21} & a_{22}+b_{22} \end{pmatrix} \text{ 이다.}$$

• 뺄셈

$$A=\begin{pmatrix} a_{11} & a_{12} \\ a_{21} & a_{22} \end{pmatrix},\ B=\begin{pmatrix} b_{11} & b_{12} \\ b_{21} & b_{22} \end{pmatrix} \text{ 일 때,}$$

$$A-B=\begin{pmatrix} a_{11}-b_{11} & a_{12}-b_{12} \\ a_{21}-b_{21} & a_{22}-b_{22} \end{pmatrix}$$

• 실수배

$$A=\begin{pmatrix} a_{11} & a_{12} \\ a_{21} & a_{22} \end{pmatrix} \Rightarrow mA=\begin{pmatrix} ma_{11} & ma_{12} \\ ma_{21} & ma_{22} \end{pmatrix}$$

예제 행렬 A, B가 다음과 같을 때 $A+B-2B$의 값을 구하시오.

$$A=\begin{pmatrix} 3 & 2 \\ 4 & 5 \end{pmatrix} \quad B=\begin{pmatrix} 1 & 2 \\ 3 & 4 \end{pmatrix}$$

풀이

$$A+B-2B=\begin{pmatrix}3&2\\4&5\end{pmatrix}+\begin{pmatrix}1&2\\3&4\end{pmatrix}-2\begin{pmatrix}1&2\\3&4\end{pmatrix}$$

$$=\begin{pmatrix}4&4\\7&9\end{pmatrix}-\begin{pmatrix}2&4\\6&8\end{pmatrix}$$

$$=\begin{pmatrix}2&0\\1&1\end{pmatrix}$$

또는 $A+B-2B=A-B$의 계산도 가능하다.

(2) 행렬의 곱셈

• 곱셈

$$A=\begin{pmatrix}a_{11}&a_{12}\\a_{21}&a_{22}\end{pmatrix},\quad B=\begin{pmatrix}b_{11}&b_{12}\\b_{21}&b_{22}\end{pmatrix}$$ 일 때,

$$AB=\begin{pmatrix}a_{11}b_{11}+a_{12}b_{21} & a_{11}b_{12}+a_{12}b_{22}\\a_{21}b_{11}+a_{22}b_{21} & a_{21}b_{12}+a_{22}b_{22}\end{pmatrix}$$

• 기본법칙

i) $AB\neq BA$

ii) $(AB)C=A(BC)$

iii) $A(B+C)=AB+AC$,

$(A+B)C=AC+BC$

iv) $(mA)B=A(mB)=m(AB)$

※ 주의 ① $(AB)^n\neq A^nB^n$

② $(A\pm B)^2\neq A^2\pm 2AB+B^2$

③ $(A+B)(A-B)\neq A^2-B^2$

예제 다음 행렬 A,B에 대한 행렬곱 AB와 BA를 구하시오.

$$A=\begin{pmatrix}1&2\\3&4\end{pmatrix}\qquad B=\begin{pmatrix}5&6\\7&8\end{pmatrix}$$

풀이

$$AB=\begin{pmatrix}1&2\\3&4\end{pmatrix}\begin{pmatrix}5&6\\7&8\end{pmatrix}=\begin{pmatrix}1\times5+2\times7 & 1\times6+2\times8\\3\times5+4\times7 & 3\times6+4\times8\end{pmatrix}$$
$$=\begin{pmatrix}5+14 & 6+16\\15+28 & 18+32\end{pmatrix}=\begin{pmatrix}19&22\\43&50\end{pmatrix}$$

$$BA=\begin{pmatrix}5&6\\7&8\end{pmatrix}\begin{pmatrix}1&2\\3&4\end{pmatrix}=\begin{pmatrix}5\times1+6\times3 & 5\times2+6\times4\\7\times1+8\times3 & 7\times2+8\times4\end{pmatrix}$$
$$=\begin{pmatrix}5+18 & 10+24\\7+24 & 14+32\end{pmatrix}=\begin{pmatrix}23&34\\31&46\end{pmatrix}$$

예제 다음 행렬 A, B에 대한 행렬 곱 AB와 BA를 구하시오.

$$A=(1\ 2\ 3) \qquad B=\begin{pmatrix}4\\5\\6\end{pmatrix}$$

풀이

$$AB=(1\ 2\ 3)\begin{pmatrix}4\\5\\6\end{pmatrix}=(1\times4+2\times5+3\times6)$$
$$=(4+10+18)=(32)$$

$$BA=\begin{pmatrix}4\\5\\6\end{pmatrix}(1\ 2\ 3)=\begin{pmatrix}4\times1 & 4\times2 & 4\times3\\5\times1 & 5\times2 & 5\times3\\6\times1 & 6\times2 & 6\times3\end{pmatrix}$$
$$=\begin{pmatrix}4&8&12\\5&10&15\\6&12&18\end{pmatrix}$$

(3) 단위행렬

- 단위행렬 : 정사각행렬 중 다음 행렬과 같이 왼쪽 위에서 오른쪽 아래로 대각선 위의 성분이 모두 1이고, 나머지 성분이 모두 0인 행렬을 말한다.

$$\begin{pmatrix}1&0\\0&1\end{pmatrix} \qquad \begin{pmatrix}1&0&0\\0&1&0\\0&0&1\end{pmatrix}$$

〈2차 단위행렬〉 〈3차 단위행렬〉

- 단위행렬은 I로 표시하며 다음과 같은 성질이 있다.

① $AI = IA = A$

② I는 행렬의 곱셈에 관한 항등원이다.

③ $I^2 = I^3 = I^n = I$

예제 다음 행렬 A, B에 대한 행렬 곱 AB와 BA를 구하시오.

$$A = \begin{pmatrix} 1 & 2 \\ 3 & 4 \end{pmatrix} \qquad B = \begin{pmatrix} 1 & 0 \\ 0 & 1 \end{pmatrix}$$

풀이

$$AB = \begin{pmatrix} 1 & 2 \\ 3 & 4 \end{pmatrix}\begin{pmatrix} 1 & 0 \\ 0 & 1 \end{pmatrix} = \begin{pmatrix} 1\times1+2\times0 & 1\times0+2\times1 \\ 3\times1+4\times0 & 3\times0+4\times1 \end{pmatrix} = \begin{pmatrix} 1 & 2 \\ 3 & 4 \end{pmatrix}$$

$$BA = \begin{pmatrix} 1 & 0 \\ 0 & 1 \end{pmatrix}\begin{pmatrix} 1 & 2 \\ 3 & 4 \end{pmatrix} = \begin{pmatrix} 1\times1+0\times3 & 1\times2+0\times4 \\ 0\times1+1\times3 & 0\times2+1\times4 \end{pmatrix} = \begin{pmatrix} 1 & 2 \\ 3 & 4 \end{pmatrix}$$

3. 역행렬

(1) 역행렬의 정의

- 정사각행렬 A에 대하여 다음을 만족시키는 행렬 X가 존재할 때, X를 A의 역행렬이라고 정의하며 A^{-1}로 표기한다.

$$AX = XA = I$$

$$AA^{-1} = A^{-1}A = I$$

(2) 역행렬을 구하는 방법

- 행렬 $A = \begin{pmatrix} a & b \\ c & d \end{pmatrix}$일 때, 역행렬이 존재할 조건 D는 0이 아니어야 한다.

$$D = ad - bc \neq 0$$

• $D \neq 0$일 때 역행렬 A^{-1}는 다음과 같다.

$$A^{-1} = \frac{1}{D}\begin{pmatrix} d & -b \\ -c & a \end{pmatrix}$$

(3) 역행렬의 성질

• $(A^{-1})^{-1} = A$

• $I^{-1} = I$

• $(AB)^{-1} = B^{-1}A^{-1}$

• $(A^m)^{-1} = (A^{-1})^m$ (단, m은 자연수)

예제 다음 행렬에 대한 역행렬을 구하시오.

① $A = \begin{pmatrix} 1 & 2 \\ 3 & 4 \end{pmatrix}$ ② $B = \begin{pmatrix} 1 & 2 \\ 3 & 6 \end{pmatrix}$

풀이 ① $D = ad - bc = 1 \times 4 - 2 \times 3 = 4 - 6 = -2$

$D \neq 0$이므로 역행렬이 존재한다.

$$A^{-1} = \frac{1}{D}\begin{pmatrix} d & -b \\ -c & a \end{pmatrix} = \frac{1}{-2}\begin{pmatrix} 4 & -2 \\ -3 & 1 \end{pmatrix}$$

$$= \begin{pmatrix} -2 & 1 \\ \frac{3}{2} & -\frac{1}{2} \end{pmatrix}$$

② $D = ad - bc = 1 \times 6 - 2 \times 3 = 6 - 6 = 0$

$D = 0$이므로 역행렬이 존재하지 않는다.

4. 행렬의 연립방정식

(1) 연립1차 방정식

$$\begin{cases} ax + by = m \\ cx + dy = n \end{cases}$$

• 위 방정식을 행렬로 나타내면 다음과 같다.

$$\begin{pmatrix} a & b \\ c & d \end{pmatrix}\begin{pmatrix} x \\ y \end{pmatrix}=\begin{pmatrix} m \\ n \end{pmatrix}$$

※ $\begin{cases} ax+by+cz=m \\ dx+ey+fz=n \\ gx+hy+iz=p \end{cases} \Leftrightarrow \begin{pmatrix} a & b & c \\ d & e & f \\ g & h & i \end{pmatrix}\begin{pmatrix} x \\ y \\ z \end{pmatrix}=\begin{pmatrix} m \\ n \\ p \end{pmatrix}$

(2) 연립방정식의 해

$$\begin{cases} ax+by=m \\ cx+dy=n \end{cases} \Leftrightarrow \begin{pmatrix} a & b \\ c & d \end{pmatrix}\begin{pmatrix} x \\ y \end{pmatrix}=\begin{pmatrix} m \\ n \end{pmatrix}$$

• $D=ad-bc\neq 0$인 경우에만 오직 하나의 해를 구할 수 있으며, $D=0$인 경우는 부정 또는 불능으로 해가 없거나 해가 무수히 많다.

• 역행렬을 이용한 해

$$\begin{pmatrix} x \\ y \end{pmatrix}=\begin{pmatrix} a & b \\ c & d \end{pmatrix}^{-1}\begin{pmatrix} m \\ n \end{pmatrix}$$

예제 다음 연립방정식에 대하여 역행렬을 이용하여 해를 구하시오.

$$\begin{cases} x+4y=6 \\ 2x+3y=3 \end{cases}$$

풀이 위 식을 행렬로 나타내면 다음과 같다.

$$\begin{pmatrix} 1 & 4 \\ 2 & 3 \end{pmatrix}\begin{pmatrix} x \\ y \end{pmatrix}=\begin{pmatrix} 6 \\ 3 \end{pmatrix}$$

$$\begin{pmatrix} x \\ y \end{pmatrix}=\begin{pmatrix} 1 & 4 \\ 2 & 3 \end{pmatrix}^{-1}\begin{pmatrix} 6 \\ 3 \end{pmatrix}$$

$$D=ad-bc=1\times 3-4\times 2=3-8=-5$$

$D\neq 0$이므로 역행렬이 존재한다.

$$\begin{pmatrix} x \\ y \end{pmatrix} = \frac{1}{-5}\begin{pmatrix} 3 & -4 \\ -2 & 1 \end{pmatrix}\begin{pmatrix} 6 \\ 3 \end{pmatrix}$$

$$= -\frac{1}{5}\begin{pmatrix} (3\times 6)+(4\times 3) \\ (-2\times 6)+(1\times 3) \end{pmatrix} = -\frac{1}{5}\begin{pmatrix} 18-12 \\ -12+3 \end{pmatrix}$$

$$= -\frac{1}{5}\begin{pmatrix} 6 \\ -9 \end{pmatrix} = \begin{pmatrix} -\frac{6}{5} \\ \frac{9}{5} \end{pmatrix}$$

$$\therefore\ x = -\frac{6}{5},\ y = \frac{9}{5}$$

※ 위 x, y값을 연립방정식에 대입하면 다음과 같다.

$$x + 4y = 6$$
$$\Leftrightarrow -\frac{6}{5} + 4\left(\frac{9}{5}\right) = 6$$
$$\Leftrightarrow -\frac{6}{5} + \frac{36}{5} = 6$$
$$\Leftrightarrow \frac{30}{5} = 6$$
$$\Leftrightarrow 6 = 6$$

$$2x + 3y = 3$$
$$\Leftrightarrow 2\times\left(-\frac{6}{5}\right) + 3\left(\frac{9}{5}\right) = 3$$
$$\Leftrightarrow -\frac{12}{5} + \frac{27}{5} = 3$$
$$\Leftrightarrow \frac{15}{5} = 3$$
$$\Leftrightarrow 3 = 3$$

···› 연습문제

1-1 행렬 $A = (a_{ij})$에서 $i \le j$일 때 $a_{ij} = j$, $i > j$일 때 $a_{ij} = a_{ji}$ $(i, j = 1, 2, 3)$이다. 행렬 A를 구하시오.

1-2 행렬 $A = (a_{ij})$에서 $a_{ij} = i + 2j + 3\,(i = 1,\ 2,\ 3,\ j = 1, 2, 3)$일 경우 행렬 A를 구하시오.

1-3 행렬 A와 행렬 B가 상등이기 위한 x , y , z값을 구하시오.

$$\begin{pmatrix} 2x+3y & x+y \\ y+z & y-10 \end{pmatrix} = \begin{pmatrix} x+9 & y+3 \\ z+2 & -z+1 \end{pmatrix}$$

1-4 $A=\begin{pmatrix} 1 & 2 \\ 3 & 4 \end{pmatrix}$, $B=\begin{pmatrix} x & y \\ 5 & 7 \end{pmatrix}$일 때, $AB=BA$가 성립하기 위한 x, y값을 구하시오.

1-5 $A=\begin{pmatrix} 1 & 0 \\ 0 & -1 \end{pmatrix}$일 때, A^n이 단위행렬로 될 최소의 자연수 n값을 구하시오.

1-6 5번 문항의 해를 이용하여 A^{31}을 구하시오.

1-7 $A=\begin{pmatrix} 3 & 4 \\ 5 & 6 \end{pmatrix}$, $I=\begin{pmatrix} 1 & 0 \\ 0 & 1 \end{pmatrix}$일 때, $A^2-9A-2I=0$임을 이용하여 $A^2+2A+3I$ 값을 구하시오.

1-8 행렬 $A=\begin{pmatrix} 1 & 2 \\ 3 & 7 \end{pmatrix}$ $B=\begin{pmatrix} 3 & 4 \\ 2 & 1 \end{pmatrix}$일 때, $AX=B$를 만족시키는 행렬 X를 구하고, 그 값을 검증하시오.

1-9 다음 연립방정식에서 x, y값을 구하시오.

$$\begin{aligned} ax+by &= a^2 \\ bx+ay &= b^2 \end{aligned} \qquad (\text{단, } a \neq 0 \quad b \neq 0 \text{ 실수})$$

1-10 다음 연립 방정식의 해를 구하시오.

$$\begin{cases} x\sin\theta - y\cos\theta = 1 \\ x\cos\theta + y\sin\theta = 0 \end{cases}$$

Ⅱ 벡터

1. 벡터의 기초내용

(1) 스칼라와 벡터의 구분

- 스칼라(Scalar) : 크기만 가지는 양(예 : 길이, 넓이)
- 벡터(Vector) : 크기와 방향을 함께 가지는 양(예 : 힘, 속도)

(2) 벡터의 표시

- 다음 그림과 같이 점 A(시점)에서 점 B(종점)까지의 이동을 나타내기 위해서는 거리와 방향을 함께 고려하여야 한다.

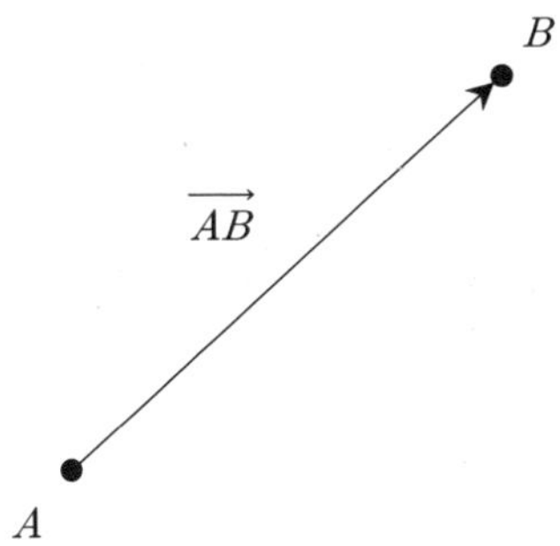

- 벡터 AB는 $\overrightarrow{AB}$로 표시하며, 점 A에서 점 B로 향하는 방향과 선분 AB의 크기(길이)를 나타낸다.

(3) 벡터의 크기와 단위벡터

- 벡터의 크기 : 선분 AB의 길이를 나타내며, $|\overrightarrow{AB}|$로 표시한다.

  ※ 벡터를 다음과 같이 한 문자로 나타낼 수 있다.

  벡터 : $\overrightarrow{AB} = \vec{a}$, 벡터의 크기 : $|\overrightarrow{AB}| = |\vec{a}|$

- 단위벡터 : 크기가 1인 벡터를 나타내며, $\vec{e}$로 표시한다.

※ 크기 : $|\vec{e}| = 1$

(4) 역벡터와 영벡터

- 역벡터 : 크기는 같고 방향이 반대인 벡터를 나타낸다.
  예) $\overrightarrow{AB}$ 의 역벡터 : $-\overrightarrow{AB}$
  ※ $\overrightarrow{AB} = -\overrightarrow{BA}$

- 영벡터 : 시점과 종점이 같아 크기가 0인 벡터를 나타낸다.
  ※ $\overrightarrow{AA} = \vec{0}$

(5) 평면벡터와 공간벡터

- 평면벡터 : 평면에서의 벡터를 나타낸다.
- 공간벡터 : 공간에서의 벡터를 나타낸다.

(6) 벡터의 상등

- 두 벡터 $\overrightarrow{AB}$, $\overrightarrow{CD}$에 대하여 크기와 방향이 각각 동일한 경우 다음과 같이 나타낸다.
  예) $\overrightarrow{AB} = \overrightarrow{CD}$, $\vec{a} = \vec{b}$

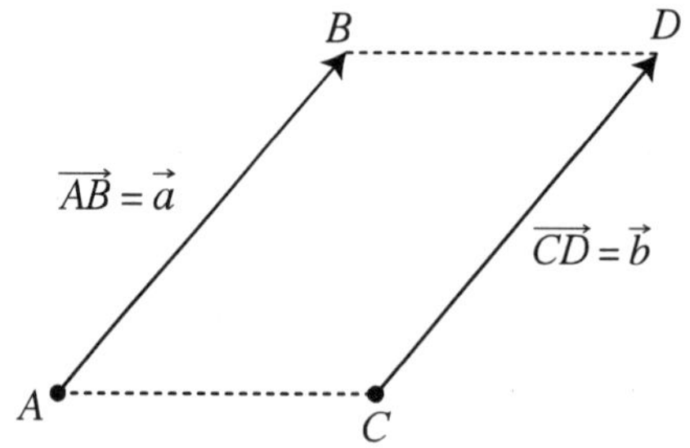

예제 다음 그림에서 벡터 $\overrightarrow{GH}, \overrightarrow{CB}, \overrightarrow{CG}$를 $\vec{a}, \vec{b}, \vec{c}$로 나타내시오.

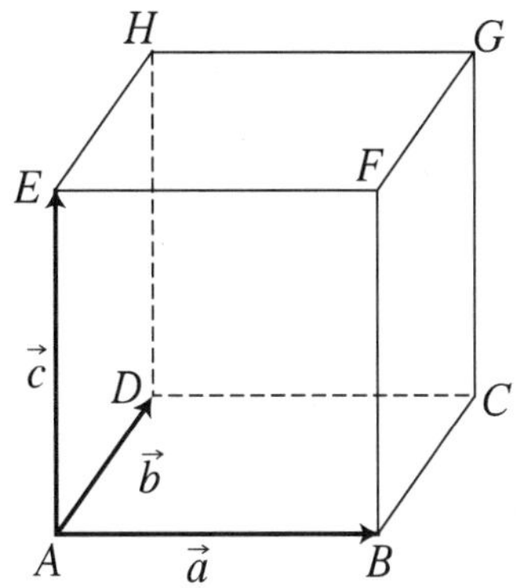

풀이

(1) $\overrightarrow{GH} = -\overrightarrow{HG} = -\overrightarrow{AB} = -\vec{a}$
(2) $\overrightarrow{CB} = -\overrightarrow{BC} = -\overrightarrow{AD} = -\vec{b}$
(3) $\overrightarrow{CG} = \overrightarrow{AE} = \vec{c}$

2. 벡터의 연산

(1) 벡터의 덧셈

• 삼각형의 법칙

벡터 $\vec{a}(=\overrightarrow{AB})$와 벡터 $\vec{b}(=\overrightarrow{BC})$의 합은 $\vec{c}(=\overrightarrow{AC})$이다.

※ $\vec{a}+\vec{b}=\vec{c}$ 혹은 $\overrightarrow{AB}+\overrightarrow{BC}=\overrightarrow{AC}$로 나타낸다.

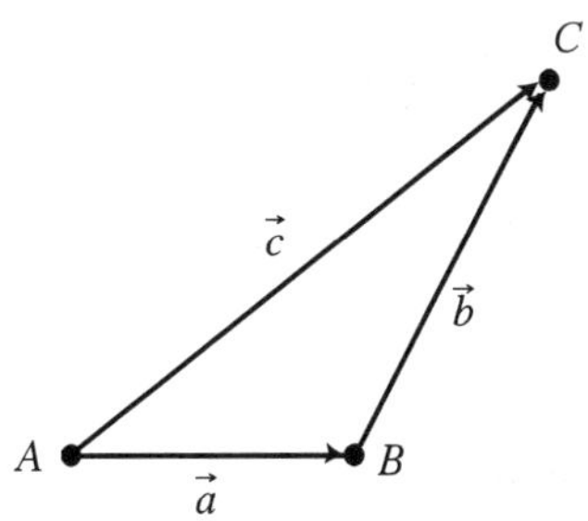

• 평행사변형의 법칙

다음 그림에서 $\overrightarrow{AD} = \overrightarrow{BC} = \vec{b}$이므로 $\overrightarrow{AB}+\overrightarrow{BC}=\overrightarrow{AC}$ $(\vec{a}+\vec{b}=\vec{c})$이다.

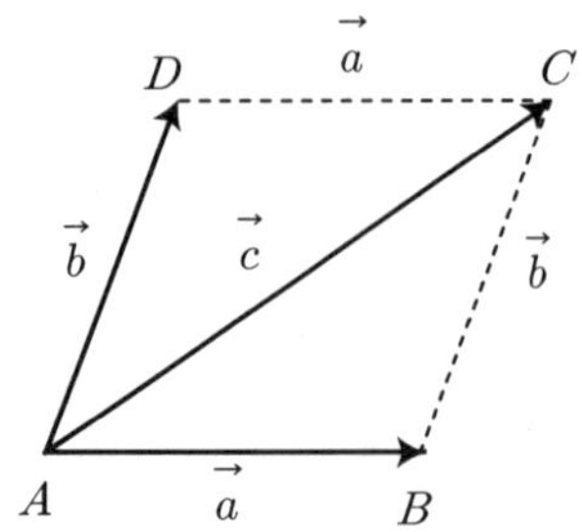

• 벡터의 성질

교환법칙 : $\vec{a}+\vec{b}=\vec{b}+\vec{a}$

결합법칙 : $(\vec{a}+\vec{b})+\vec{c}=\vec{a}+(\vec{b}+\vec{c})$

항 등 원 : $\vec{a}+\vec{0}=\vec{0}+\vec{a}=\vec{a}$

역　 원 : $\vec{a}+(-\vec{a})=(-\vec{a})+\vec{a}=\vec{0}$

(2) 벡터의 뺄셈

• 벡터 $\vec{a}$, $\vec{b}$에 대하여 $\vec{b}+\vec{x}=\vec{a}$를 만족하는 벡터 $\vec{x}$를 $\vec{a}$에서 $\vec{b}$를 뺀 차라고 정의하고, $\vec{x}=\vec{a}-\vec{b}$와 같이 나타낸다.

※ $\overrightarrow{OB}+\overrightarrow{BA}=\overrightarrow{OA} \Leftrightarrow \overrightarrow{BA}=\vec{a}-\vec{b}$

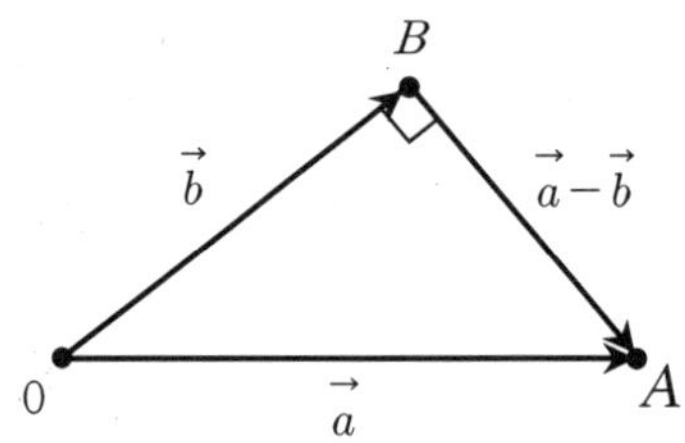

(3) 벡터의 실수배

• 벡터$(\vec{a})$와 실수(m)와의 곱

$m>0$ 일 때, $m\vec{a}$는 $\vec{a}$와 같은 방향이고, 크기는 $m|\vec{a}|$인 벡터이다.

$m<0$ 일 때, $m\vec{a}$는 $\vec{a}$와 반대 방향이고, 크기는 $|m|\cdot|\vec{a}|$인 벡터이다.

$m=0$ 일 때, $m\vec{a}$는 영벡터이고, 크기는 $0\cdot\vec{a}=\vec{0}$인 벡터이다.

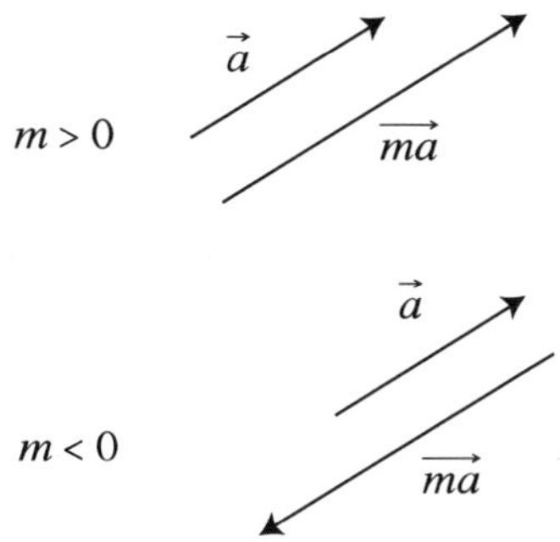

• 벡터의 실수배에 관한 성질

임의의 실수 m, n과 벡터 $\vec{a}$, $\vec{b}$에 대하여 다음과 같은 성질이 성립한다.

결합법칙 : $m(n\vec{a}) = (mn)\vec{a}$

분배법칙 : $(m+n)\vec{a} = m\vec{a} + n\vec{a}$

: $m(\vec{a}+\vec{b}) = m\vec{a} + m\vec{b}$

기　　타 : $0\vec{a} = \vec{0}$, $1\vec{a} = \vec{a}$, $m\vec{0} = \vec{0}$

• 벡터의 평행

$\vec{0}$가 아닌 두 벡터 $\vec{a}$, $\vec{b}$의 방향이 같거나 정반대일 경우, $\vec{a}$, $\vec{b}$는 서로 평행하며, $\vec{a}//\vec{b}$로 나타낸다.

※ $\vec{a}//\vec{b} \Leftrightarrow \vec{b} = k\vec{a}$ $(k \neq 0)$

예제 평행사변형 ABCD의 대각선 교점을 O라 할 때 $\overrightarrow{OA} = \vec{a}$, $\overrightarrow{OB} = \vec{b}$ 이다. 벡터 $\overrightarrow{BC}$, $\overrightarrow{DC}$를 $\vec{a}, \vec{b}$로 나타내시오.

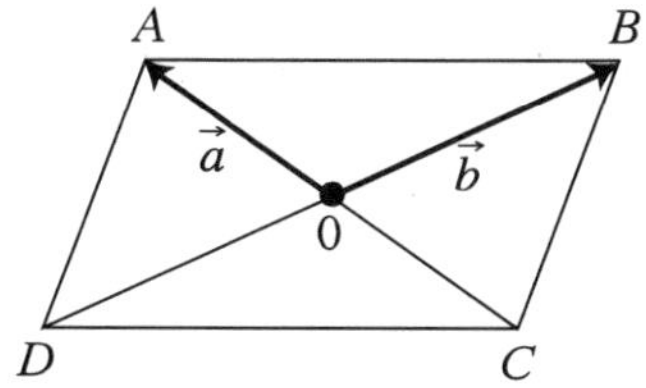

풀이 (1) $\overrightarrow{BC} = \overrightarrow{BO} + \overrightarrow{OC} = (-\vec{b}) + (-\vec{a}) = -\vec{a} - \vec{b}$

(2) $\overrightarrow{DC} = \overrightarrow{DO} + \overrightarrow{OC} = (\vec{b}) + (-\vec{a}) = -\vec{a} + \vec{b}$

3. 벡터의 성분

(1) 평면벡터의 성분

• 평면벡터의 성분

다음 그림에서 원점 O를 시작점으로 하는 벡터 $\overrightarrow{OA}(=\vec{a})$의 종점좌표 $\mathrm{A}(a_1, a_2)$에 대하여, a_1를 $\vec{a}$의 x성분, a_2를 $\vec{a}$의 y성분이라고 한다. 또한 $\vec{a}$의 성분은 다음과 같이 나타낼 수 있다.

$$\vec{a} = (a_1, a_2)$$

• 평면벡터의 크기

$\vec{a}$ 성분의 크기는 다음과 같이 나타낸다.

$$\vec{a} = (a_1, a_2) \Leftrightarrow |\vec{a}| = \sqrt{a_1^2 + a_2^2}$$

• 정사영

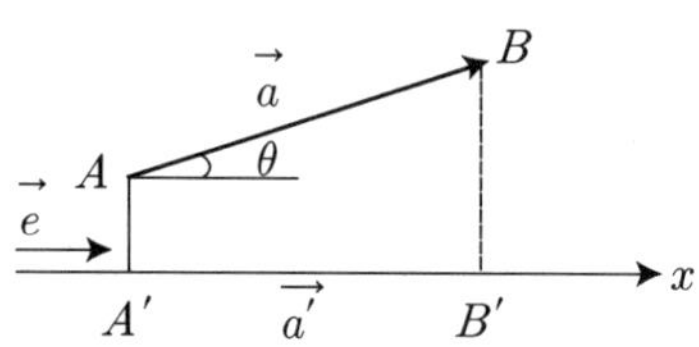

$\vec{a'}$는 $\vec{a}$ 의 x위로의 정사영을 나타낸다.

이때, $A'B'$는 A, B로부터 x에 내린 수선의 발이고, θ는 $\vec{a}$가 x의 양의 방향과 이루는 각이며, $\vec{e}$는 x방향의 단위벡터이다.

• 기본단위 벡터

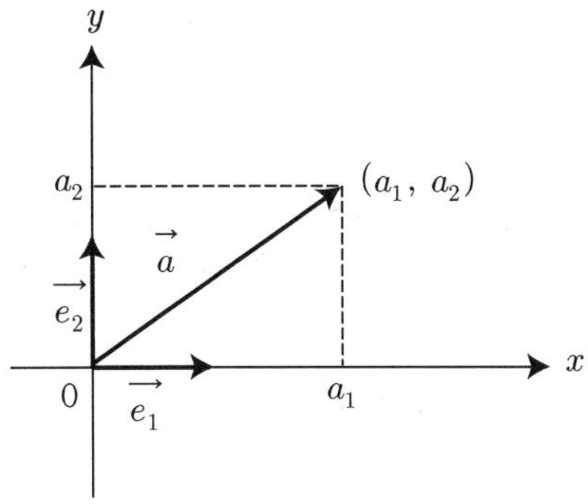

벡터 $\vec{a}=(a_1,a_2)$를 기본벡터를 사용하여 나타내면 다음과 같다.

$$\vec{a}=(a_1,a_2)=a_1\vec{e_1}+a_2\vec{e_2}$$

$$=a_1\hat{i}+a_2\hat{j}$$

• 평면벡터의 연산

$\vec{a}=(a_1,a_2)$, $\vec{b}=(b_1,b_2)$일 때,

i) $\vec{a}+\vec{b}=(a_1,a_2)+(b_1,b_2)=(a_1+b_1,\ a_2+b_2)$

ii) $\vec{a}-\vec{b}=(a_1,a_2)-(b_1,b_2)=(a_1-b_1,\ a_2-b_2)$

iii) $m\vec{a}=m(a_1,a_2)=(ma_1,ma_2)$ (단, m은 실수)

(2) 공간벡터의 성분

• 공간벡터의 성분

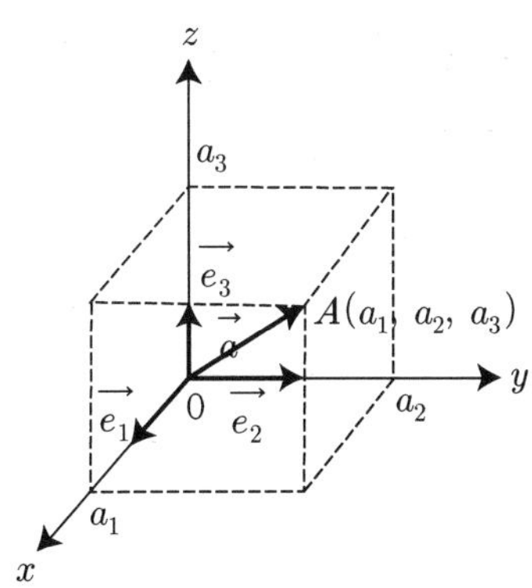

공간의 점(a_1, a_2, a_3)의 위치벡터$(\vec{a})$를 성분으로 표시하면 다음과 같다.

$$\vec{a}=(a_1, a_2, a_3)$$

• 공간벡터의 크기

$\vec{a}=(a_1,a_2,a_3)$의 크기: $|\vec{a}|=\sqrt{a_1^2+a_2^2+a_3^2}$

• 기본 단위 벡터

벡터 $\vec{a}=(a_1,a_2,a_3)$를 기본 벡터를 사용하여 나타내면 다음과 같다.

$$\vec{a}=(a_1,a_2,a_3)=a_1\overrightarrow{e_1}+a_2\overrightarrow{e_2}+a_3\overrightarrow{e_3}$$

$$=a_1\hat{i}+a_2\hat{j}+a_3\hat{k}$$

• 공간벡터의 연산

$\vec{a}=(a_1,a_2,a_3)$, $\vec{b}=(b_1,b_2,b_3)$일 때

i) $\vec{a}+\vec{b}=(a_1,a_2,a_3)+(b_1,b_2,b_3)$

$=(a_1+b_1, a_2+b_2, a_3+b_3)$

ii) $\vec{a}-\vec{b}=(a_1,a_2,a_3)-(b_1,b_2,b_3)$

$=(a_1-b_1, a_2-b_2, a_3-b_3)$

iii) $m\vec{a}=m(a_1,a_2,a_3)$

$=(ma_1,ma_2,ma_3)$(단, m은 실수)

예제 $\vec{a}=(1,2)$, $\vec{b}=(3,4)$, $\vec{c}=(5,6)$ 일 때 다음 벡터를 성분으로 나타내시오. 그리고 크기를 구하시오.

① $\vec{a}+\vec{b}$ ② $2\vec{a}+3\vec{b}-\vec{c}$

풀이 성분 ① $\vec{a}+\vec{b}=(1,2)+(3,4)=(4,6)$

② $2\vec{a}+3\vec{b}-\vec{c}=2(1,2)+3(3,4)-(5,6)$

$=(2,4)+(9,12)-(5,6)$

$=(2+9-5\ ,\ 4+12-6)$

$=(6,10)$

크기

① $\vec{a}+\vec{b}=(4,6)\Leftrightarrow|\vec{a}+\vec{b}|=\sqrt{4^2+6^2}=\sqrt{16+36}$

$=\sqrt{52}$

② $2\vec{a}+3\vec{b}-\vec{c}=(6,10)\Leftrightarrow|2\vec{a}+3\vec{b}-\vec{c}|=\sqrt{6^2+10^2}$

$=\sqrt{36+100}=\sqrt{136}$

예제 벡터 $\vec{a}=(2,3)$이 x축, y축의 양의 방향과 이루는 각을 α,β라고 할 때, $\vec{a}$와 동일한 방향의 단위벡터와 $\vec{a}$의 방향 코사인을 구하시오.

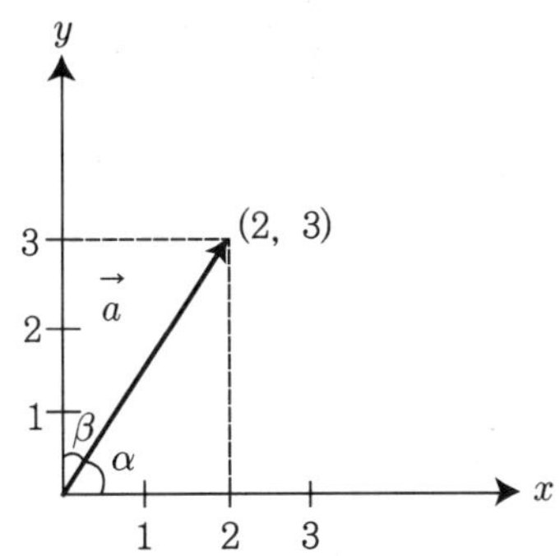

풀이 $\vec{a}$ 의 크기를 구하면

$|\vec{a}|=\sqrt{2^2+3^2}=\sqrt{4+9}=\sqrt{13}$ 이다.

단위벡터는 $\dfrac{\vec{a}}{|\vec{a}|}$ 이므로 $\dfrac{\vec{a}}{|\vec{a}|}=\dfrac{1}{\sqrt{13}}(2,3)$

$=\left(\dfrac{2}{\sqrt{13}},\dfrac{3}{\sqrt{13}}\right)$

$$\text{방향 코사인} \quad \cos\alpha = \frac{2}{\sqrt{13}}$$

$$\cos\beta = \frac{3}{\sqrt{13}} \text{ 이다.}$$

예제 두 점 A(3,2,1), B(1,2,3) 에 대하여 $\vec{a} = \overrightarrow{AB}$ 일 때

① $\vec{a}$의 크기를 구하시오.

② 단위벡터 $\vec{e}$를 구하시오.

③ $\vec{a}$가 x축, y축, z축의 양의 방향과 이루는 각을 α, β, γ 라 할 때 $\cos\alpha$, $\cos\beta$, $\cos\gamma$를 구하시오.

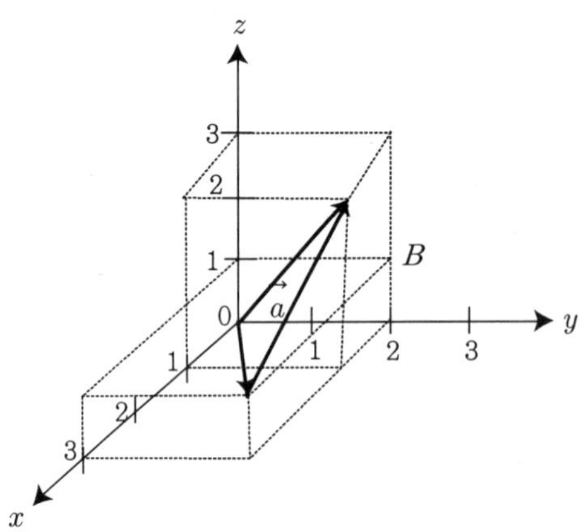

풀이 ① $\vec{a} = \overrightarrow{AB}$

$$= \overrightarrow{OB} - \overrightarrow{OA}$$

$$= (1,2,3) - (3,2,1)$$

$$= (-2,0,2)$$

$$|\vec{a}| = \sqrt{(-2)^2 + (0)^2 + (2)^2}$$

$$= \sqrt{4+4} = \sqrt{8} = 2\sqrt{2}$$

② $\vec{e}=\dfrac{\vec{a}}{|\vec{a}|}=\dfrac{1}{2\sqrt{2}}(-2,0,2)$

$=\left(-\dfrac{1}{\sqrt{2}},0,\dfrac{1}{\sqrt{2}}\right)=\left(-\dfrac{\sqrt{2}}{2},0,\dfrac{\sqrt{2}}{2}\right)$

③ $\cos\alpha=-\dfrac{\sqrt{2}}{2}$

$\cos\beta=0$

$\cos\gamma=\dfrac{\sqrt{2}}{2}$

예제 $\vec{a}=(1,-1)$, $\vec{b}=(2,3)$일 때 내적과 두 벡터가 이루는 $\cos\theta$를 구하시오.

풀이

내적 $\vec{a}\cdot\vec{b}=(1,-1)\cdot(2,3)$
$=1\times2+(-1)\times3$
$=2-3$
$=-1$

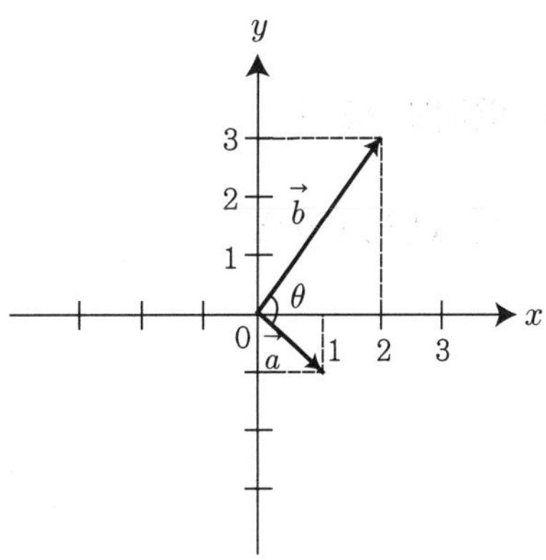

$\cos\theta=\dfrac{\vec{a}\cdot\vec{b}}{|\vec{a}|\cdot|\vec{b}|}$ 이므로

$|\vec{a}|=\sqrt{1^2+(-1)^2}=\sqrt{2}$

$|\vec{b}|=\sqrt{2^2+3^2}=\sqrt{4+9}=\sqrt{13}$

$\cos\theta=\dfrac{-1}{\sqrt{2}\sqrt{13}}=\dfrac{-1}{\sqrt{26}}$

예제 $\vec{a}=(2,3,1)$, $\vec{b}=(1,x,0)$일 때 $\vec{a}+\vec{b}$와 $\vec{a}-2\vec{b}$가 수직이 되는 x값을 구하시오.

풀이 $\vec{a}\perp\vec{b} \Leftrightarrow \vec{a}\cdot\vec{b}=0$이므로

$\vec{a}+\vec{b}=(2,3,1)+(1,x,0)=(3,3+x,1)$
$\vec{a}-2\vec{b}=(2,3,1)-2(1,x,0)=(2,3,1)-(2,2x,0)$
$=(0,3-2x,1)$

$$\begin{aligned}(\vec{a}+\vec{b})\perp(\vec{a}-2\vec{b}) &= (3, 3+x, 1)\cdot(0, 3-2x, 1)\\ &= 3\times 0+(3+x)(3-2x)+1\times 1\\ &= 9-6x+3x-2x^2+1\\ &= -2x^2-3x+10\end{aligned}$$

$-2x^2-3x+10=0$이므로

$2x^2+3x-10=0$

$$x=\frac{-3\pm\sqrt{9+4\times 2\times 10}}{2\times 2}=\frac{-3\pm\sqrt{89}}{4}$$

$$\therefore\ x=-\frac{3}{4}+\frac{\sqrt{89}}{4},\ -\frac{3}{4}-\frac{\sqrt{89}}{4}$$

4. 벡터의 내적

(1) 내적의 정의

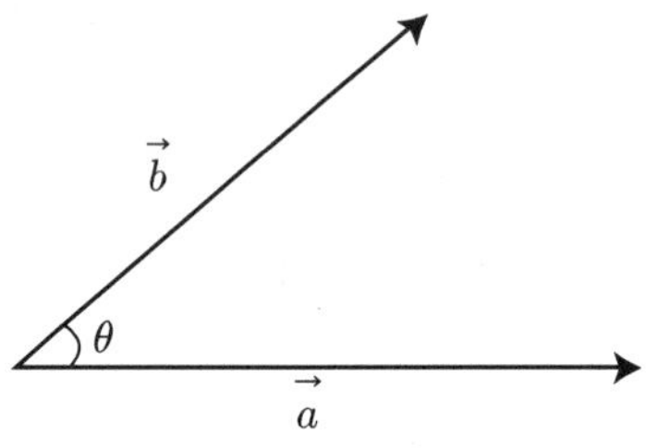

θ : 두 벡터 $\vec{a}, \vec{b}$가 이루는 각
$(0\le\theta\le\pi)$

• $\vec{a}$와 $\vec{b}$의 내적은 다음과 같이 정의된다.

$$\vec{a}\cdot\vec{b}=|\vec{a}|\cdot|\vec{b}|\cos\theta$$

※ $\vec{a}=\vec{0}$ 또는 $\vec{b}=\vec{0}$이면 $\vec{a}\cdot\vec{b}=0$이다.

(2) 내적의 성분

• 평면 및 공간 벡터의 내적

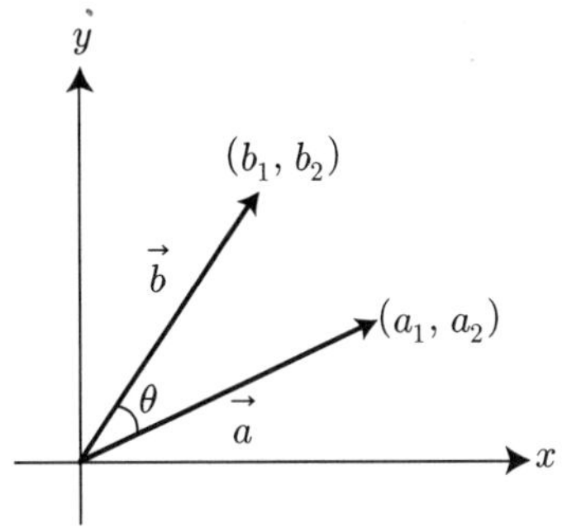

i) $\vec{a}=(a_1, b_2)$와 $\vec{b}=(b_1, b_2)$에 대하여

$\vec{a}\cdot\vec{b}=a_1b_1+a_2b_2$이다.

ii) $\vec{a}=(a_1,a_2,a_3)$와 $\vec{b}=(b_1,b_2,b_3)$에 대하여

$\vec{a}\cdot\vec{b}=a_1b_1+a_2b_2+a_3b_3$이다.

• 평면 및 공간 벡터가 이루는 각

$\vec{a}$ 와 $\vec{b}$ 가 이루는 각의 크기가 θ 일때,

i) $\vec{a}=(a_1,a_2)$, $\vec{b}=(b_1,b_2)$ 이면

$$\cos\theta=\frac{\vec{a}\cdot\vec{b}}{|\vec{a}|\cdot|\vec{b}|}=\frac{a_1b_1+a_2b_2}{\sqrt{a_1^2+a_2^2}\cdot\sqrt{b_1^2+b_2^2}}$$ 이다.

ii) $\vec{a}=(a_1,a_2,a_3)$, $\vec{b}=(b_1,b_2,b_3)$ 이면

$$\cos\theta=\frac{\vec{a}\cdot\vec{b}}{|\vec{a}|\cdot|\vec{b}|}=\frac{a_1b_1+a_2b_2+a_3b_3}{\sqrt{a_1^2+a_2^2+a_3^2}\cdot\sqrt{b_1^2+b_2^2+b_3^2}}$$

(3) 내적의 연산법칙

i) $\vec{a}\cdot\vec{b}=\vec{b}\cdot\vec{a}$

ii) $(m\vec{a})\cdot\vec{b}=\vec{a}\cdot(m\vec{b})=m(\vec{a}\cdot\vec{b})$

iii) $\vec{a}\cdot(\vec{b}+\vec{c})=\vec{a}\cdot\vec{b}+\vec{a}\cdot\vec{c}$

(4) 벡터의 수직과 평행

• 벡터의 수직 조건 $(\vec{a}\neq\vec{0}, \vec{b}\neq\vec{0})$

$$\begin{cases}\vec{a}=(a_1,a_2),\ \vec{b}=(b_1,b_2)\text{ 일 때}\\ \vec{a}\perp\vec{b}\Leftrightarrow\vec{a}\cdot\vec{b}=a_1b_2+a_2b_2=0\end{cases}$$

$$\begin{cases}\vec{a}=(a_1,a_2,a_3),\ \vec{b}=(b_1,b_2,b_3)\text{ 일 때}\\ \vec{a}\perp\vec{b}\Leftrightarrow\vec{a}\cdot\vec{b}=a_1b_2+a_2b_2+a_3b_3=0\end{cases}$$

• 벡터의 평행조건 $(\vec{a}\neq\vec{0}, \vec{b}\neq\vec{0})$

$\vec{a}//\vec{b}\ \Leftrightarrow\ \cos\theta=\pm1\ \Leftrightarrow\ \vec{a}\cdot\vec{b}=\pm|\vec{a}||\vec{b}|$

5. 벡터 방정식

(1) 직선의 방정식

• 한 점 A를 지나고, $\vec{b}$에 평행한 직선의 방정식은 다음과 같다.

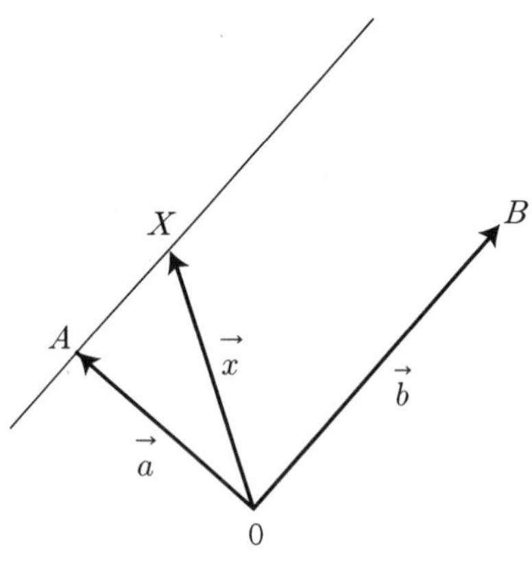

$\vec{x}=\vec{a}+m\vec{b}$ (단, m은 실수)

• 두 점 A, B을 지나는 직선의 방정식은 다음과 같다.

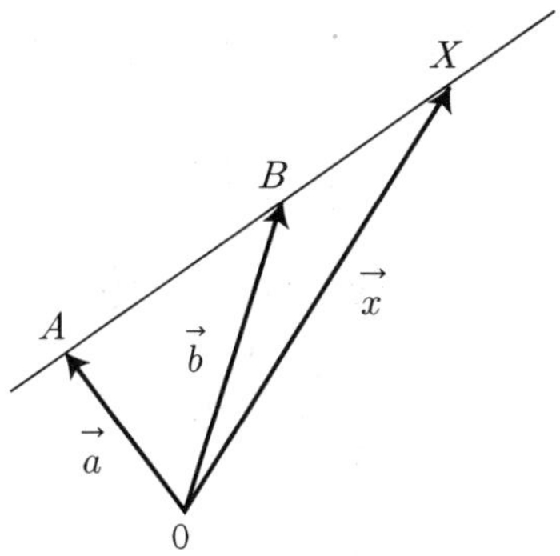

$$\vec{x} = (1-m)\vec{a} + m\vec{b}$$

• 점 A를 지나고, $\vec{b}$에 수직인 직선의 방정식은 다음과 같다.

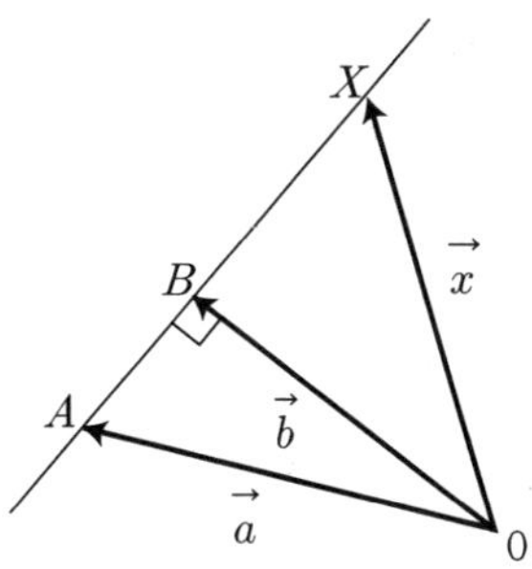

$$(\vec{x} - \vec{a}) \cdot \vec{b} = 0$$

(2) 원의 방정식

• 점 A가 중심이고, 반지름이 r인 원의 벡터 방정식은 다음과 같다.

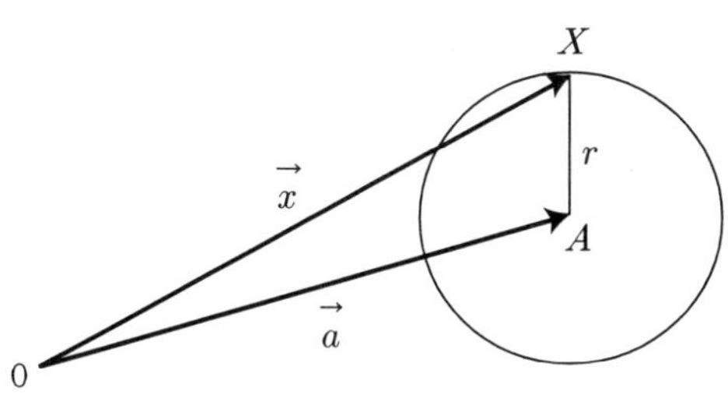

$$|\vec{x}-\vec{a}|=r \quad , \quad (\vec{x}-\vec{a})\cdot(\vec{x}-\vec{a})=r^2$$

• 두 점 A,B를 양끝으로 하는 원의 벡터 방정식은 다음과 같다.

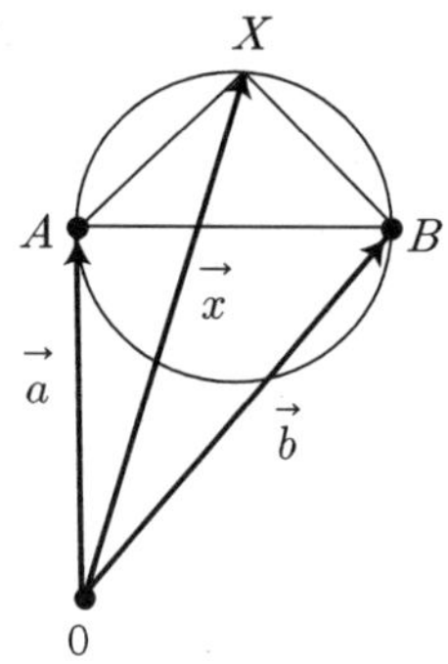

$$(\vec{x}-\vec{a})\cdot(\vec{x}-\vec{b})=0$$

예제 두 점 $A(\vec{a}+\vec{c}), B(2\vec{a}-\vec{b})$를 지나는 직선의 벡터방정식을 구하시오.

풀이

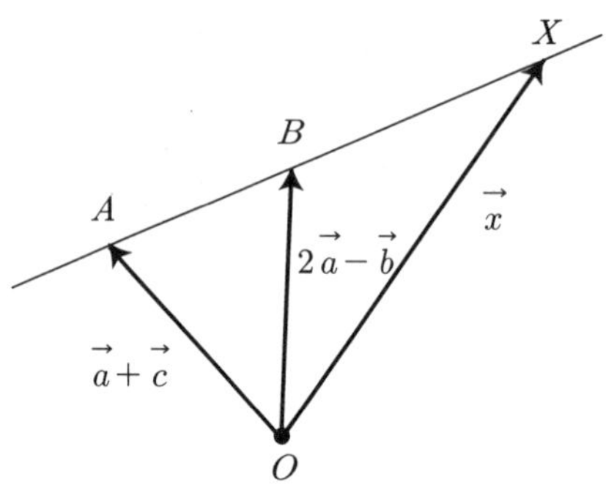

위치벡터가 $\overrightarrow{OA}=\vec{a}$인 점 A를 $A(\vec{a})$로 나타낸다.
조건을 만족시키는 임의의 점을 $X(\vec{x})$라고 할 때 $\overrightarrow{AX}=t\,\overrightarrow{AB}$이다. ($t$는 실수)

$$\overrightarrow{OX}-\overrightarrow{OA}=t(\overrightarrow{OB}-\overrightarrow{OA})$$
$$\vec{x}-(\vec{a}+\vec{c})=t((2\vec{a}-\vec{b})-(\vec{a}+\vec{c}))$$
$$\vec{x}-\vec{a}-\vec{c}=t(\vec{a}-\vec{b}-\vec{c})$$
$$\therefore \vec{x}=(\vec{a}+\vec{c})-t(\vec{a}-\vec{b}-\vec{c})$$

···› 연습문제

2–1 다음 그림에서 $\overrightarrow{DE}$ 와 같은 벡터는 모두 몇 개인가?

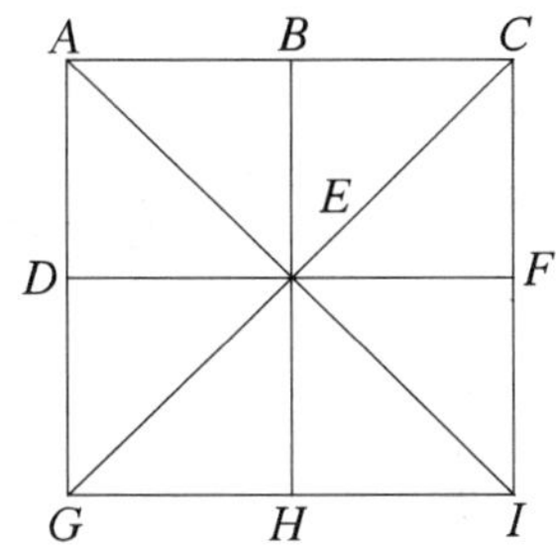

2–2 한 모서리의 길이가 2인 정육면체에서 $\overrightarrow{DB}$ 와 $\overrightarrow{AG}$ 의 크기는 얼마인가?

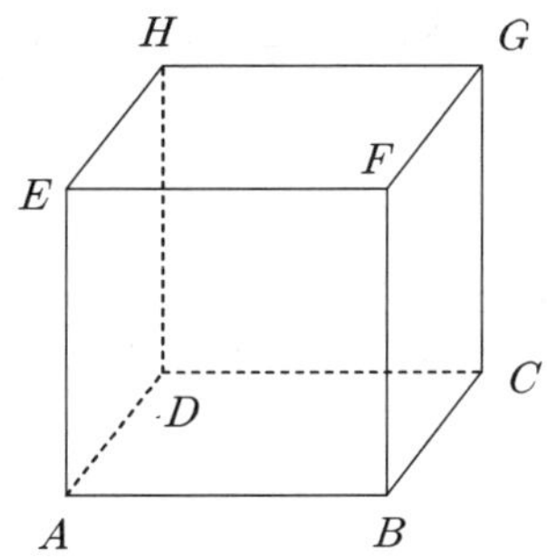

2–3 $\overrightarrow{AB}=\vec{a}$, $\overrightarrow{BC}=\vec{b}$, $\overrightarrow{CG}=\vec{c}$일 때

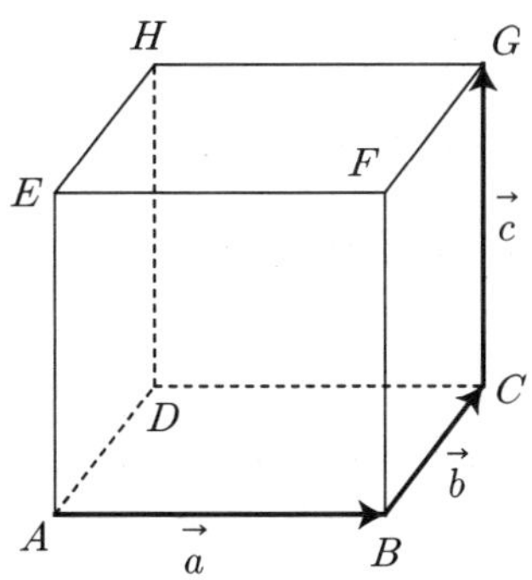

(1) $\overrightarrow{AC}$ 는 얼마인가?

(2) $\overrightarrow{AG}$ 는 얼마인가?

(3) $\overrightarrow{HF}$ 는 얼마인가?

2-4 $\overrightarrow{AB} = \vec{a}$, $\overrightarrow{AD} = \vec{b}$ 일 때 $\overrightarrow{GC} + \overrightarrow{GD}$ 를 구하시오.

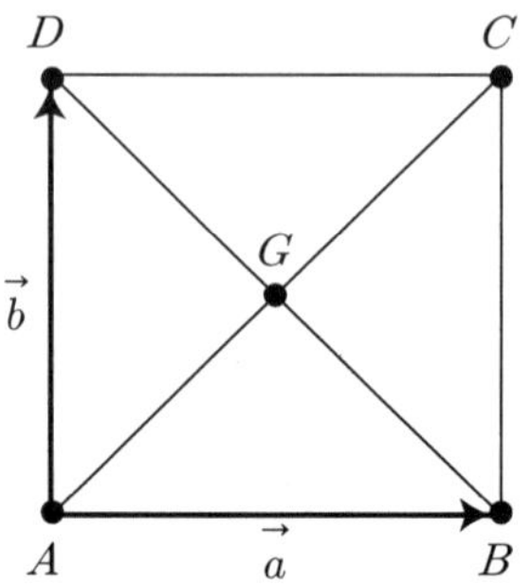

2-5 $\vec{a} = (1,1)$, $\vec{b} = (3,3)$ 일 때 $3(\vec{a} + \vec{b}) - 2(\vec{a} - \vec{b})$ 의 크기를 구하시오.

2-6 $\vec{a} = (x,2)$, $\vec{b} = (5,7)$ 일 때, 두 벡터 $\vec{A} = \vec{a} + \vec{b}$, $\vec{B} = 3\vec{b}$ 가 평행이 되기 위한 x 값을 구하시오.

2-7 공간벡터 $\overrightarrow{OP} = (1, 2, 3)$ 에서

(1) xy 평면, yz 평면, zx 평면에 정사영을 시킨 $\overrightarrow{OA}$, $\overrightarrow{OB}$, $\overrightarrow{OC}$ 값을 구하시오.

(2) $\overrightarrow{OP} = a\overrightarrow{OA} + b\overrightarrow{OB} + c\overrightarrow{OC}$ 일 때 a, b, c 값을 구하시오.

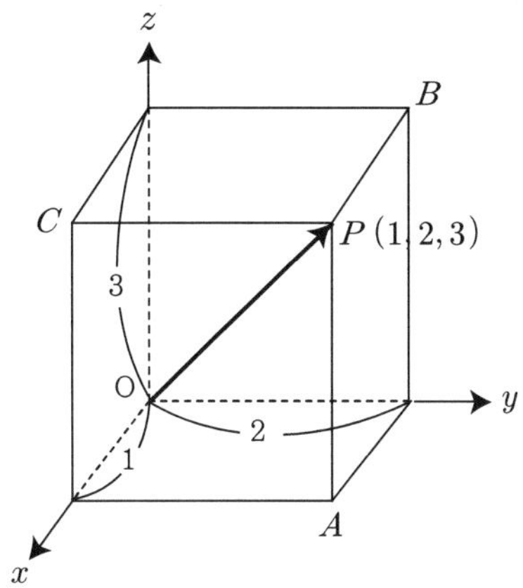

2-8 $\overrightarrow{EA}$ 와 $\overrightarrow{EC}$ 의 내적 $\vec{a}\cdot\vec{b}$ 값을 구하시오.

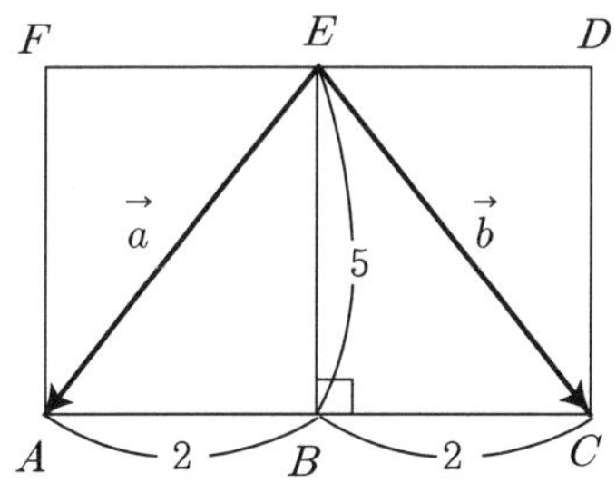

2-9 두 벡터 $\vec{a}, \vec{b}$ 가 이루는 각이 $60°$ 이고 $|\vec{b}|=1$, $|\vec{a}+\vec{b}|=2$일 때 $|\vec{a}|$의 값을 구하시오.

2-10 $\overline{AB}=\overline{DC}$ 일 때, 선분 $\overline{DC}$ 의 벡터방정식을 구하시오.

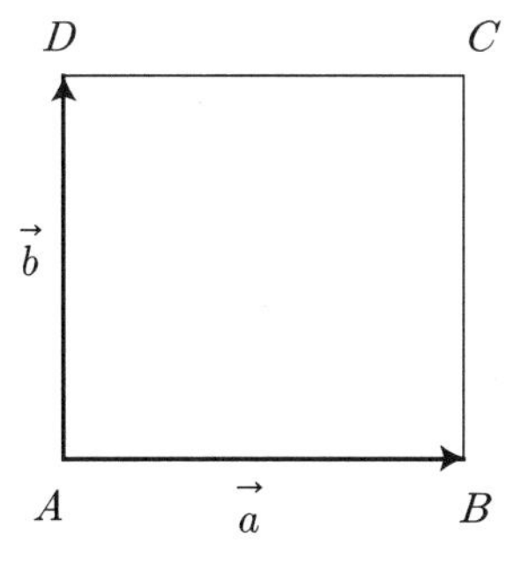

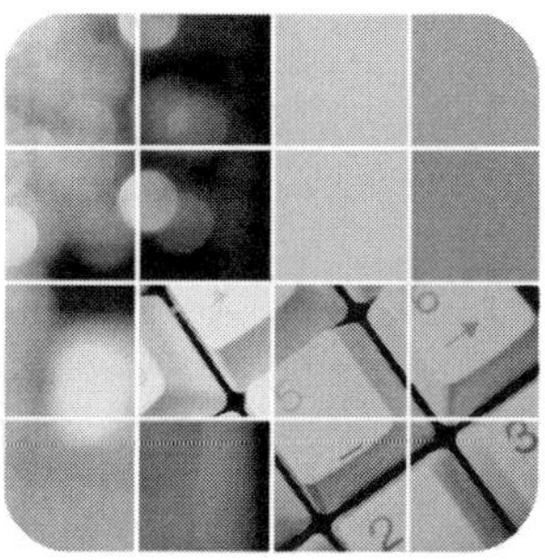

연습문제 풀이

제1장 방정식과 부등식

※ 1-1 ~ 1-4 풀이 생략

2-1

우변을 이항 후 정리하면

$$ax^2 - ax + (1-a) = 0$$

이 식의 판별식이

$$D = a^2 - 4a(1-a) = a(5a-4) < 0$$

일 때, 실수해가 존재하지 않는다. 따라서

$$a > 0\text{과 } a < \frac{4}{5} \text{ 또는 } a < 0\text{과 } a > \frac{4}{5}$$

이므로 해가 존재하지 않는 a의 영역은

답 : $0 < x < \frac{4}{5}$

2-2

① $x \geqq 2$일 때, 원 식은 $x-2=3$가 되므로 $x=5$

$x<2$일 때, 원 식은 $-x+2=3$가 되므로 $x=-1$

답 : $x=5$ **또는** $x=-1$

② $x \geqq 4$일 때, 원 식은 $x-4+x-3=2$가 되므로 $x=\frac{9}{2}z$

$3<x<4$일 때, 원 식은 $-x+4+x-3=2$가 되므로 $0 \cdot x = 1$(해가 없다.)

$x \leqq 3$일 때, 원 식은 $-x+4-x+3=2$가 되므로 $x=\frac{5}{2}$

답 : $x=\frac{5}{2}$ **또는** $x=\frac{9}{2}$

③ $x \geqq 4$일 때, 원 식은 $x-3+4-x=0$가 되므로 해가 없다.

$3 \leqq x < 4$일 때, 원 식은 $x-3-4+x=0$가 되므로 $x=\frac{7}{2}$

$x<3$일 때, 원 식은 $-x+3-4+x=0$가 되므로 해가 없다.

답 : $x=\frac{7}{2}$

2-3

① $x^2=-2$ 이므로

답 : $x=\pm\sqrt{2}i$

② $x^2=-\frac{4}{9}$ 이므로

답 : $x=\pm\frac{2}{3}i$

2-4

근의 공식에 의해

① $x=\frac{3\pm\sqrt{(-3)^2-4\cdot 2\cdot 2}}{2\cdot 2}=\frac{3\pm\sqrt{7}i}{4}$

② $x=\frac{-8\pm\sqrt{(8)^2-4\cdot 3\cdot(-3)}}{2\cdot 3}=\frac{-4\pm\sqrt{5}}{3}$

③ $x=\frac{8\pm\sqrt{(-8)^2-3\cdot 22}}{3}=\frac{8\pm\sqrt{2}}{3}$

2-5

① 근의 공식에 의해서

$x=-(a-b)\pm\sqrt{(a-b)^2+4ab}=-(a-b)\pm(a+b)$

이므로

답 : $2b$ **또는** $-2a$

② $x \geqq 1$일 때, $x^2+3x-10=(x+5)(x-2)=0$

$x=2$ 또는 $x=-5$(무연근)

$x<1$일 때, $x^2-3x-4=(x-4)(x+1)=0$

$x=-1$ 또는 $x=4$(무연근)

답 : $x=2$ **또는** $x=-1$

2-6

① 인수분해공식 $a^3-b^3=(a-b)(a^2+ab+b^2)$을 이용하면

$x^3-27=x^3-3^3=(x-3)(x^2+3x+3^2)=0$이므로

$x=3$ 또는 $x^2+3x+9=0$ 근의 공식에 의해

$$x=\frac{-3\pm\sqrt{3^2-4\cdot 9}}{2}=\frac{-2\pm 3\sqrt{3}i}{2}$$

답 : $x=3$ **또는** $x=\dfrac{-2\pm 3\sqrt{3}i}{2}$

② $x^4-81=(x^2)^2-(3^2)^2=(x^2+3^2)(x^2-3^2)$
$=(x^2+9)(x+3)(x-3)=0$이므로

답 : $x=3$, $x=-3$ **또는** $x=\pm 3i$

2-7

① $X=x^2$으로 놓으면 원 식은 $X^2-3X-4=0$가 되고, 이것을 인수분해 하면

$(X-4)(X+1)=0$이므로 $X=4$ 또는 $X=-1$

그러므로

$x^2=4$ 또는 $x^2=-1$

답 : $x=\pm 2$ **또는** $x=\pm i$

② $X=x^2+3x$로 놓으면, 원 식은 $(X-3)(X+4)=8$이고, 이것을 전개한 후 다시 정리하면
$X^2+X-20=(X+5)(X-4)=0$이므로

$X=-5$ 또는 $X=4$

이제 이 결과를 $X=x^2+3x$에 대입하고 정리하면

$x^2+3x+5=0$와 $x^2+3x-4=0$

가 된다. 위의 첫 번째 식을 근의 공식에 대입하면,

$$x=\frac{-3\pm\sqrt{11}i}{2}$$

두 번째 식은 $(x+4)(x-1)=0$이므로 $x=1$ 또는 $x=-4$

답 : $x=1$ **또는** $x=-4$ **또는** $x=\dfrac{-3\pm\sqrt{11}i}{2}$

2-8

원 식에 한 근 $2+\sqrt{3}$ 대입하고, 유리항과 무리항을 분리 정리하면

$(2+\sqrt{3})^2+p(2+\sqrt{3})+q=(7+2p+q)+\sqrt{3}(4+p)=0$

가 된다. 이식이 성립하기 위해서는 유리항과 무리항이 각각 0이어야 하므로

$$\begin{cases}7+2p+q=0\\4+p=0\end{cases}$$

가 된다. 그러므로 $p=-4$와 $q=1$

답 : $p=-4$**와** $q=1$

2-9

원 식에 한 근 $1+\sqrt{3}$ 대입하고, 유리항과 무리항을 분리 정리하면

$(42+4p+q)+\sqrt{3}(18+2p+q)=0$

가 된다. 이 식이 성립하기 위해서는

$$\begin{cases}42+4p+q=0\\18+2p+q=0\end{cases}$$

가 되어야 한다. 그러므로 $p=-12$와 $q=6$

답 : $p=-12$**와** $q=6$

2-10

원 식에 한 근 $2+3i$을 대입하고, 실수부와 허수부를 분리 정리하면

$(-5+2a+b)+i(12+3a)=0$

가 된다. 이 식이 성립하기 위해서는 실수부와 허수부가 각각 0이어야 하므로

$$\begin{cases}-5+2a+b=0\\12+3a=0\end{cases}$$

가 되어야 한다. 그러므로 $a=-4$와 $b=13$

답 : $a=-4$**와** $b=13$

2-11

① 분모의 최소공배수 $(x-1)(x-2)$를 각 항에 곱한 후 정리하고
인수분해하면

$$x^2-x-2=(x+1)(x-2)=0$$

$x=2$(무연근 : 원 식의 분모를 0이 되게 함)
또는 $x=-1$

답 : $x=-1$

② 분모의 최소공배수 $3(x-1)(x+1)$를 각 항에 곱한 후 정리하고
인수분해하면

$$x^2-3x+2=(x-1)(x-2)=0$$

$x=1$(무연근 : 원 식의 분모를 0이 되게 함)
또는 $x=2$

답 : $x=2$

2-12

① 분모의 최소공배수 $2x(x-2)$를 각 항에 곱한 후 정리하면

$$x^2-2x-4=0$$

근의 공식에 대입하면 $x=1\pm\sqrt{5}$

답 : $x=1\pm\sqrt{5}$

② 원 식의 우변을 통분하면

$$\frac{3}{x^2-x+1}=\frac{2}{x(x-1)}$$

가 된다. 위식을 정리한 후 인수분해하면

$$x^2-x-2=(x+1)(x-2)=0$$

이므로 $x=-1$ 또는 $x=2$

답 : $x=-1$ **또는** $x=2$

2-13

① $X=x^2-1$로 놓으면, 원 식은 $\frac{8}{X}+\frac{X}{8}=2$가 된다.

각항에 $8X$를 곱한 후 정리하고 인수분해하면
$X^2+16X+64=(X-8)^2=0$이므로 $X=8$이다.
따라서 $x^2=9$이므로 $x=\pm3$

답 : $x=\pm3$

② $x^2-3x=X$로 놓으면, 원 식은 $X-\frac{4}{X}+3=0$가 된다. 각항에 X를 곱한 후 정리하고 인수분해하면
$x^2+3X-4=(X+4)(X-1)=0$이므로 $X=1$
또는 $X=-4$이다. 이 값을 $x^2-3x=X$에 대입하면

$$x^2-3x-1=0 \text{ 또는 } x^2-3x+4=0$$

을 얻는다. 두 식을 근의 공식에 적용하면

$$x=\frac{3\pm\sqrt{13}}{2} \text{ 또는 } x=\frac{3\pm\sqrt{7}i}{2}$$

답 : $x=\frac{-3\pm\sqrt{13}}{2}$ **또는** $x=\frac{-3\pm\sqrt{7}i}{2}$

2-14

물의 흐름속력이 0인 물에서 배의 속력을 v라 하면 물의 흐름속력이 3 km/hr인 강물을 거슬러 올라갈 때 배의속력은 $v-3$이고, 강물을 따라 내려갈 때 배의 속력은 $v+3$이다. 6km를 왕복하는데 걸리는 총 시간은

$$\frac{6}{v-3}+\frac{6}{v+3}=\frac{3}{2}$$

각항에 분모의 최소공배수를 곱한 후 식을 풀면

$$v=-1 \text{ 또는 } v=9$$

배의 속력은 양의 값이어야 하므로 $v=9$km/hr.
그러므로 강물의 흐름속력이 1km/hr일 때 걸린 시간은

$$\frac{6}{9-1}+\frac{6}{9+1}=1.35$$

답 : 1.35hr(1**시간** 21**분**)

2-15

A와 B가 60대를 조립하는데 걸리는 일 수는 각각 $\frac{60}{x}$과 $\frac{60}{y}$ 이므로

$$\frac{60}{x}=\frac{60}{y}+10$$

A가 하루에 1대씩 더 조립한다면

$$\frac{60}{x+1}=\frac{60}{y}+5$$

위의 연립방정식에서 x를 소거하여 y를 구하면, $y=6$ 또는

$y=-2.4$(무연근)

$y=6$에 대해 $x=3$

답 : $x=3$(**대/일**) $y=6$(**대/일**)

2-16

답 : ①, ③ **및** ④

2-17

① 양변을 제곱하면

$$x-3=x^2-10x+25$$

정리하고 인수분해하면

$$x^2-11x+28=(x-4)(x-7)=0$$

$x=4$ 또는 $x=7$

원 식에 대입해보면 $x=4$는 무연근임을 알 수 있다.

답 : $x=7$

② 양변을 제곱한 후, 정리하고 인수분해하면

$$x^2-7x+6=(x-6)(x-1)=0$$

$x=1$ 또는 $x=6$(무연근)

답 : $x=1$

2-18

① 원 식을 이항하고 정리하면

$$\sqrt{5x+10}=x-8$$

양변을 제곱하고 정리한 후 인수분해하면

$$x^2-21x+54=(x-3)(x-18)=0$$

$x=3$ 또는 $x=18$

해를 원 식에 대입해보면 $x=3$은 무연근

답 : $x=18$

② 이항하면

$$\sqrt{5-x^2}=x+1$$

양변을 제곱, 정리, 인수분해하면

$$x^2+x-2=(x-1)(x+2)=0$$

$x=1$ 또는 $x=-2$(무연근)

답 : $x=1$

2-19

① 다음과 같이 이항

$$\sqrt{2x-3}=1-\sqrt{x-1}$$

양변을 제곱한 후 다음과 같이 무리항과 유리항으로 이항하면

$$2\sqrt{x-1}=-x+3$$

다시 양변을 제곱한 후 정리하면

$$x^2-10x+13=0$$

근의 공식에 적용하면

$$x=5\pm2\sqrt{3}$$

원 식에 $x=5+2\sqrt{3}$ 을 대입하면

$$\sqrt{4+2\sqrt{3}}+\sqrt{7+4\sqrt{3}}\neq1$$

이므로 무연근

답 : $x=5-2\sqrt{3}$

② 이항한 후 제곱하면

$$5x+1=x+4\sqrt{x}+4$$

다음과 같이 정리

$$4\sqrt{x}=4x-3$$

양변을 제곱하고, 정리 후 인수분해하면

$$16x^2-40x+9=(4x-1)(4x-9)=0$$

$$x=\frac{1}{4}\text{(무연근) 또는 } x=\frac{9}{4}$$

답 : $x=\frac{9}{4}$

2-20

$X=x^2-x$로 놓으면 원 식은

$$X+3+\sqrt{X-5}=8 \quad \cdots\cdots \text{(a)}$$

이항

$$\sqrt{X-5}=5-X$$

양변을 제곱, 정리, 인수분해하면

$$X^2-11X+30=(X-5)(X-6)=0$$

$$X=5 \text{ 또는 } X=6$$

$X=6$을 식(a)에 대입하면 무연근
그러므로

$$x^2-x-5=0$$

근의 공식에 의해

$$x=\frac{1\pm\sqrt{21}}{2}$$

원 식에 대입해보면 모두 근이다.

답 : $x=\frac{1\pm\sqrt{21}}{2}$

2-21

주어진 방정식

$$\sqrt{x+1}=x+a \quad \cdots\cdots \text{(a)}$$

의 근은 다음의 두 함수

$$y=\sqrt{x+1} \quad \cdots\cdots \text{(b)}$$

$$y=x+a \quad \cdots\cdots \text{(c)}$$

의 그래프가 만나는 교점의 좌표이다.

식 (a)의 양변을 제곱 후 정리하면

$$x^2+(2a-1)x+(a^2-1)=0$$

이 된다. 이 식의 판별식

$$D=(2a-1)^2-4(a^2-1)=-4a+5=0$$

일 때 식 (b)와 (c)의 그래프가 접한다. 이 경우 $a=\frac{5}{4}$

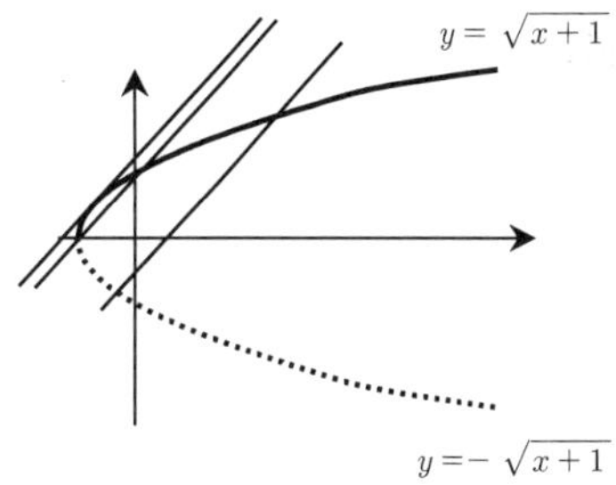

식(c)가 $(-1,0)$를 지날 때

$$a=1$$

이 된다. 위의 결과와 그래프를 참조하면 다음과 같다.

① 서로 다른 두 실근을 가지려면 (b)와 (c)의 그래프가 두 점에 만날 때이다. 즉,

$$1\leq x<\frac{5}{4}$$

② 한 점에서 만날 때

$$a=\frac{5}{4} \text{ 또는 } a<1$$

③ 실근이 없는 경우에는

$$a>\frac{5}{4}$$

2-22

양변을 제곱하면

$$x+2\sqrt{x-1}=9$$

이항하면

$$2\sqrt{x-1}=9-x$$

양변을 제곱하고 정리 후 인수분해하면

$$x^2-22x+85=(x-5)(x-17)=0$$

$$x=5 \text{ 또는 } x=17 \text{ (무연근)}$$

답 : $x=5$

2-23

$$\sqrt{x-3}=mx+1 \quad \cdots\cdots\cdots \text{(a)}$$

의 해는

$$y=\sqrt{x-3} \quad \cdots\cdots\cdots \text{(b)}$$

$$y=mx+1 \quad \cdots\cdots\cdots \text{(c)}$$

의 그래프가 만나는 교점의 좌표이다.

식(a)의 양변을 제곱 후 정리하면

$$m^2x^2+(2m-1)x+4=0$$

이 된다. 이 식의 판별식

$$D=(2m-1)^2-16m^2=-12m^2-4m+1=0$$

일 때 식 (b)와 (c)의 그래프가 접한다. 이 경우

$$m=\frac{-2\pm4}{12}$$

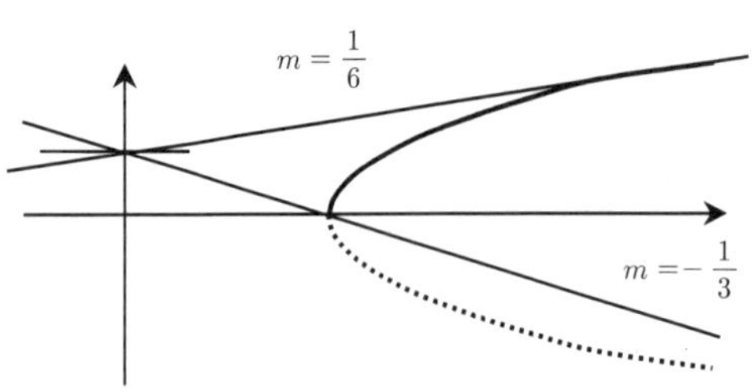

그림에서 기울기 m은 양수이므로

$$m=\frac{1}{6}$$

식(c)가 (3,0)를 지날 때

$$m=-\frac{1}{3}$$

이 된다. 위의 결과와 그래프를 참조하면 다음과 같다.

① 실근을 갖지 않을 m의 범위는

$$m>\frac{1}{6} \text{ 또는 } m<-\frac{1}{3}$$

② 한 개의 실근의 경우

$$-\frac{1}{3}\leqq m\leqq 0 \text{ 또는 } m=\frac{1}{6}$$

③ 서로 다른 두 실근의 경우

$$0<m<\frac{1}{6}$$

3-1

① 이항하여 정리하면

$$(a-1)x>3$$

$a=1$일 때

답 : $0\cdot x>0$**이므로 해가 없다.**

$a>1$일 때

답 : $x>\frac{3}{a-1}$

$a<1$일 때

답 : $x<\frac{3}{a-1}$

② 이항 정리하면

$$(a-2)x>a-3$$

$a=2$일 때

$0\cdot x>-1$이므로 모든 x값이 해가 된다.

답 : **모든 영역**

$a>2$일 때

답 : $x>\frac{a-3}{a-2}$

$a<2$일 때

답: $x<\frac{a-3}{a-2}$

3-2

① $x\geqq 2$일 때, $x<5$이므로
$2\leqq x<5$

$x<2$일 때, $x>-1$이므로
$-1<x<2$

답 : $-1<x<5$

② $x<-1$일 때
$x<-2$

$-1\leqq x<3$일 때
$0\cdot x>2$이므로 해가 없다.

$x\geqq 3$일 때
$x>4$

답 : $x<-2$ **또는** $x>4$

3-3

① $x^2-(a+3)x+3a=(x-a)(x-3)<0$이므로
$a<3$일 때

답 : $a<x<3$

$a>3$일 때

답 : $a>x>3$

② $a>0$일 때, 원 식은 $x^2+2x+3=(x+1)^2+2>0$이므로

답 : x**는 모든 실수**

$a=0$일 때, $0\cdot(x^2+2x+3)>0$이므로

답 : **해가 없다.**

$a<0$일 때, $x^2+2x+3=(x+1)^2+2<0$이므로

답 : **해가 없다.**

③ $x^2-6x+8(x-2)(x-4)\geqq 0$ 즉,

$x\geqq 4$ 또는 $x\leqq 2$ .... (a)

일 때, 원 식은 $x^2-6x=x(x-6)<0$ 이므로

$0<x<6$ .... (b)

(a)와 (b)를 결합하면

$0<x\leqq 2$ 또는 $4\leqq x<6$ .... (c)

$x^2-6x+8=(x-2)(x-4)<0$ 즉, $2<x<4$일 때 원 식은

$x^2-6x+16=(x-3)^2+7>0$

이므로 해는

$2<x<4$ .... (d)

(c)와 (d)를 종합하면

답 : $0<x<6$

④ $x\geqq 1$일 때, 원 식은 $x^2-5x=x(x-5)>0$이 되므로

$x<0$ 또는 $x>5$

따라서

$x>5$

$x<1$일 때, $x^2+x-6=(x-2)(x+3)>0$이 되므로

$x<-3$ 또는 $x>2$

따라서

$x<-3$

답 : $x>5$ **또는** $x<-3$

3-4

① $x(x-2)(x-4)>0$

	$x<0$	$0<x<2$	$2<x<4$	$x>4$
x	−	+	+	+
$x-2$	−	−	+	+
$x-4$	−	−	−	+
	−	+	−	+

답 : $0<x<2$ **또는** $x>4$

② $x(x^2-1)=x(x-1)(x+1)\leqq 0$

	$x<-1$	$-1<x<0$	$0<x<1$	$x>1$
$x+1$	−	+	+	+
x	−	−	+	+
$x-1$	−	−	−	+
	−	+	−	+

답 : $x\leqq -1$ **또는** $0\leqq x\leqq 1$

③ $x^3+2x^2-x-2=(x-1)(x^2+3x+2)$

$=(x-1)(x+1)(x+2)>0$

	$x<-2$	$-2<x<-1$	$-1<x<1$	$x>1$
$x+2$	−	+	+	+
$x+1$	−	−	+	+
$x-1$	−	−	−	+
	−	+	−	+

답 : $-2<x<-1$ **또는** $x>1$

3-5

① $(x-1)(x-2)^2\leqq 0$에서 $(x-2)^2\geqq 0$이므로 $x-1\leqq 0$

답 : $x\leqq 1$

② $x^2-3x-2=(x+1)(x^2-x-2)$

$=(x+1)(x+1)(x-2)$

$=(x+1)^2(x-2)\geqq 0$ 이므로

$x-2\geqq 0$

답 : $x\geqq 2$

3-6

① $x^4-x^3-x^2-2x=x(x^3-x^2-x-2)$

$=x(x-2)(x^2+x+1)<0$

이고, $x^2+x+1=\left(x+\dfrac{1}{2}\right)^2+\dfrac{3}{4}\geqq 0$이므로

$x(x-2)<0$ 이어야 한다.

답 : $0<x<2$

② $x^4-x^3-2x^2+6x-4=(x-1)(x^3-2x+4)$

$=(x-1)(x+2)(x^2-2x+2)\geqq 0$

이고, $x^2-2x+2=(x-1)^2+1\geqq 0$이므로

$(x+2)(x-1)\geqq 0$이어야 한다.

답 : $x\geqq 1$ **또는** $x\leqq -2$

3-7

① 식 (a)와 (b)로부터

$$\begin{cases}(x-1)(x-2)<0\\(x-4)(x+2)<0\end{cases}$$

따라서

$1<x<2$와 $-2<x<4$

답 : $1<x<2$

② 원 식을 분리해서 쓰면

$$\begin{cases}x^3-2x^2-5x+10>0 & \cdots\cdots\cdots (a)\\ x^3-2x^2-5x+6\leqq 0 & \cdots\cdots\cdots (b)\end{cases}$$

식 (a)는

$x^3-2x^2-5x+10=(x-2)(x^2-5)$

$=(x-2)(x+\sqrt{5})(x-\sqrt{5})>0$

식 (b)는

$x^3-2x^2-5x+6=(x-1)(x^2-x-6)$

$=(x-1)(x+2)(x-3)\leqq 0$

위의 두 부등식을 표로 만들면

	$x<-\sqrt{5}$	$-\sqrt{5}<x<2$	$2<x<\sqrt{5}$	$x>\sqrt{5}$
$x+\sqrt{5}$	−	+	+	+
$x-2$	−	−	+	+
$x-\sqrt{5}$	−	−	−	+
	−	+	−	+

$-\sqrt{5}<x<2$ 또는 $x>\sqrt{5}$ ………… (c)

	$x<-2$	$-2<x<1$	$1<x<3$	$x>3$
$x+2$	−	+	+	+
$x-1$	−	−	+	+
$x-3$	−	−	−	+
	−	+	−	+

$x\leqq-2$ 또는 $1\leqq x\leqq 3$ ………… (d)

(c)와 (d)가 겹치는 부분이 해가 된다.

답 : $-\sqrt{5}<x\leqq-2,\ 1\leqq x<2$ **또는** $\sqrt{5}<x\leqq 3$

3-8

$x=1$일 때, 발산

$x>1$일 때, 원 식은 $x^2-5x+6=(x-2)(x-3)\leqq 0$가 된다.

답 : $2\leqq x\leqq 3$

$x<1$일 때, $x^2-5x+6=(x-2)(x-3)\geqq 0$이므로,

$x>3$ 또는 $x<2$

답 : $x<1$

3-9

분모는 $x^2-2x+3=(x-1)^2+2>0$이므로 원 식은

$$x^2-4x+1<x^2-2x+3$$

이 되므로

답 : $x>-1$

3-10

식을 분리하면

$$\begin{cases} \dfrac{2x-1}{x+2}<1 & \cdots\cdots\cdots\cdots(a) \\ \dfrac{2x+1}{x}\geqq 1 & \cdots\cdots\cdots\cdots(b) \end{cases}$$

식 (a)는

$x>-2$일 때, $x<3$이므로

$-2<x<3$ ………… (c)

$x<-2$일 때, $x>3$이므로 해가 없다.

식 (b)는

$x>0$일 때, $x\geqq-1$이므로

$x>0$ ……………………………………………… (d)

$x<0$일 때, $x\leqq-1$이므로

$x\leqq-1$ ……………………………………………… (e)

식(a)와 (b)의 해가 겹치는 부분이 연립부등식의 해이다.

답 : $-2<x\leqq-1$ **또는** $0<x<3$

제2장 함수

3-1

① $\frac{\pi}{6}$

$\sin\frac{\pi}{6}=\frac{1}{2}$

$\cos\frac{\pi}{6}=\frac{\sqrt{3}}{2}$

$\tan\frac{\pi}{6}=\frac{1}{\sqrt{3}}$

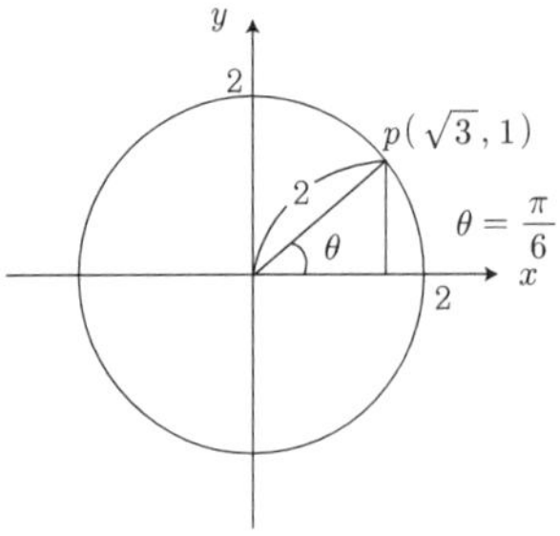

② $\frac{4}{3}\pi=\pi+\frac{1}{3}\pi$

$\sin\frac{4}{3}\pi=-\frac{\sqrt{3}}{2}$

$\cos\frac{4}{3}\pi=\frac{-1}{2}$

$\tan\frac{4}{3}\pi=\sqrt{3}$

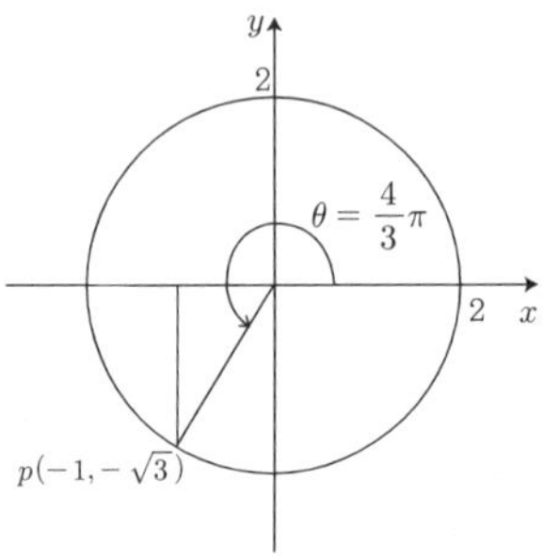

③ $-\frac{\pi}{3}$

$\sin(-\frac{\pi}{3})=-\frac{\sqrt{3}}{2}$

$\cos(-\frac{\pi}{3})=\frac{1}{2}$

$\tan(-\frac{\pi}{3})=-\sqrt{3}$

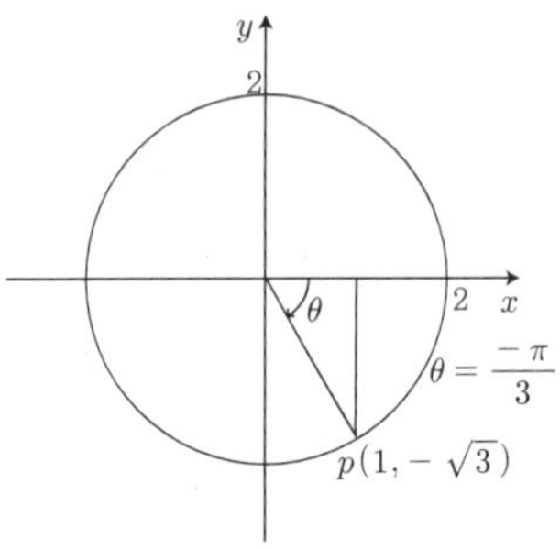

④ $\frac{10}{3}\pi=3\pi+\frac{\pi}{3}$

$\sin(\frac{10}{3}\pi)=-\frac{\sqrt{3}}{2}$

$\cos(\frac{10}{3}\pi)=\frac{-1}{2}$

$\tan(\frac{10}{3}\pi)=\sqrt{3}$

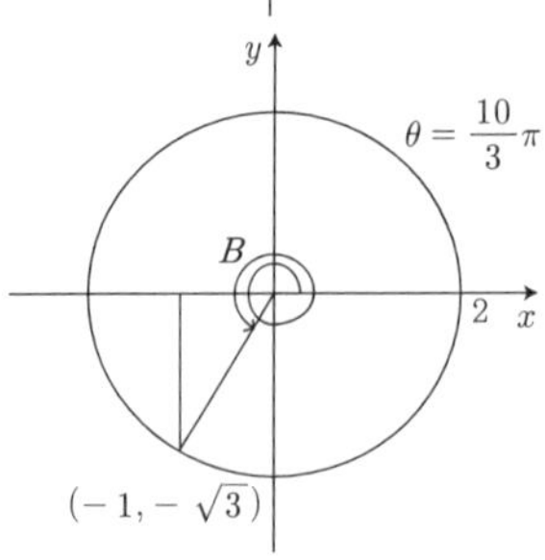

4-1

① $\lim_{x\to 1^+}(3x+1)=4$

② $\lim_{x\to 3}\frac{x^2-x-6}{x-3}=\lim_{x\to 3}\frac{(x+2)(x-3)}{x-3}$

$=\lim_{x\to 3}(x+2)=5$

③ $\lim_{x\to 1}\sqrt{x+5}=\sqrt{6}$

④ $\lim_{x\to 1}\sin\frac{\pi x}{2}=1$

⑤ $\lim_{x\to 0}(-\frac{1}{x^2})=-\infty$

⑥ $\lim_{x\to 2}\frac{x^2+4x-12}{x^2-3x+2}=\lim_{x\to 2}\frac{(x-2)(x+6)}{(x-2)(x-1)}$

$=\lim_{x\to 2}\frac{x+6}{x-1}=8$

4-2

① $\lim_{x\to 0}\frac{\sin 4x}{3x}=\lim_{x\to 0}\frac{4x}{4x}\frac{\sin 4x}{3x}$

$=\lim_{x\to 0}\frac{\sin 4x}{4x}\cdot\frac{4}{3}=1\times\frac{4}{3}=\frac{4}{3}$

② $\lim_{x\to 0}\frac{\tan x}{x}=\lim_{x\to 0}\frac{\frac{\sin x}{\cos x}}{x}=\lim_{x\to 0}\frac{\sin x}{x}\cdot\frac{1}{\cos x}$

$=\lim_{x\to 0}\frac{\sin x}{x}\cdot\lim_{x\to 0}\frac{1}{\cos x}=1\times 1=1$

③ $\lim_{x\to 0}\frac{1-\cos x}{x}=\lim_{x\to 0}\frac{(1-\cos x)(1+\cos x)}{x(1+\cos x)}$

$=\lim_{x\to 0}\frac{1-\cos^2 x}{x(1+\cos x)}=\lim_{x\to 0}\frac{\sin^2 x}{x(1+\cos x)}$

$=\lim_{x\to 0}\frac{\sin x}{x}\cdot\lim_{x\to 0}\frac{\sin x}{1+\cos x}$

$=1\times\frac{0}{2}=0$

④ $\lim_{x\to 0}\frac{\sin^2 x}{x}=\lim_{x\to 0}(\frac{\sin x}{x})\cdot\lim_{x\to 0}(\sin x)$

$=1\times 0=0$

⑤ $\lim_{x \to 0} x^2 \sin\frac{1}{x} = 0$

$(-1 \le \lim_{x \to 0} \sin\frac{1}{x} \le 1)$

4-3

① $3x = t$로 치환하면, $x \to 0$일 때 $t \to 0$이다.

$$\lim_{x \to 0}(1+3x)^{\frac{1}{x}} = \lim_{t \to 0}(1+t)^{\frac{3}{t}} = \lim_{t \to 0}[(1+t)^{\frac{1}{t}}]^3$$

$$= e^3$$

② $-\frac{3}{x} = t$로 치환하면, $x \to \infty$일 때 $t \to 0$이다.

$$= \lim_{x \to \infty}(1-\frac{3}{x})^x = \lim_{t \to 0}(1+t)^{-\frac{3}{t}} = \lim_{t \to 0}[(1+t)^{\frac{1}{t}}]^{-3}$$

$$= e^{-3}$$

③ $\frac{\log_a(1+x)}{x} = \frac{1}{x}log_a(1+x) = \log_a(1+x)^{\frac{1}{x}}$ 이므로

$$\lim_{x \to 0}\frac{\log_a(1+x)}{x} = \lim_{x \to 0}\log_a(1+x)^{\frac{1}{x}}$$

$$= \log_a e$$

④ $\frac{\ln(1+ax)}{x} = \frac{1}{x}\ln(1+ax) = \ln(1+ax)^{\frac{1}{x}}$

$= \ln[(1+ax)^{\frac{1}{ax}}]^a$ 이므로

$$\lim_{x \to 0}\frac{\ln(1+ax)}{x} = \lim_{x \to 0}\ln[(1+ax)^{\frac{1}{ax}}]^a$$

$$= \ln e^a = a$$

⑤ $\lim_{x \to \infty}\frac{e^x + e^{-x}}{e^x - e^{-x}} = \lim_{x \to \infty}\frac{e^x(1+e^{-2x})}{e^x(1-e^{-2x})}$

$$= \lim_{x \to \infty}\frac{1+e^{-2x}}{1-e^{-2x}} = 1$$

4-4

① $x^2 - 4x + 3 = (x-1)(x-3) \ne 0$인 즉, $x \ne 1$및 $x \ne 3$ 실수 x에 대하여 $f(x)$는 연속이다.

따라서, 연속인 주간은

$(-\infty, 1) \cup (1, 3) \cup (3, \infty)$이다.

② $f(x) = -x^2 + 2x + 2$는 구간 $[0, 3]$에서 연속이므로 이 구간에서 최대값과 최소값을 갖는다.

$$f(x) = -x^2 + 2x + 2 = -(x^2 - 2x + 1 - 1) + 2$$

$$= -(x^2 - 2x + 1) + 3 = -(x-1)^2 + 3$$이므로

$x = 1$에서 최대값 3을 갖는다.

또한, 구간의 끝 $x = 0, x = 3$에서

함수값은 $f(0) = 2, f(3) = -3^2 + 2 \times 3 + 2 = -1$이므로

$x = 3$에서 최소값 -1을 갖는다.

따라서, 최대값 = 3, 최소값 = -1

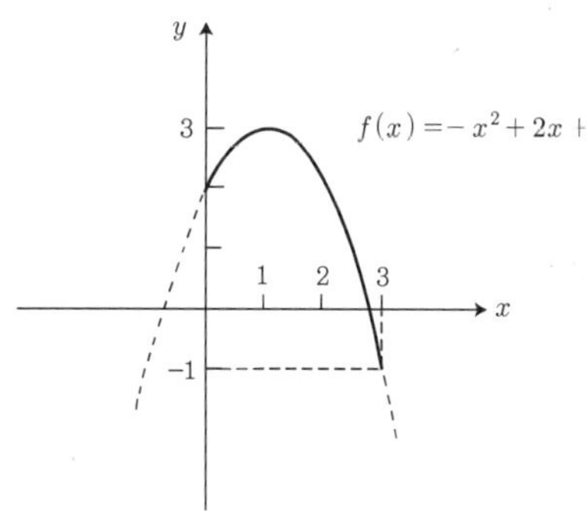

③ $f(x) = x^2 - 2x - 1$는 구간 [1, 3]에서 연속이고 $f(1) = -2$, $f(3) = 3^2 - 2 \times 3 - 1 = 2$ 이다.

따라서, $f(x) = 0$인 x가 1과 3 사이에 존재한다.

제3장 미분법

1-1

$$f'(x)=\lim_{h\to 0}\frac{f(x+h)-f(x)}{h}$$

$$=\lim_{h\to 0}\frac{\{(x+h)^3-(x+h)-(x^3-x)\}}{h}$$

$$=\lim_{h\to 0}\frac{(x^3+3x^2h+3xh^2+h^3)-(x+h)-(x^3-x)}{h}$$

$$=\lim_{h\to 0}\frac{3x^2h+3xh^2+h^3-h}{h}$$

$$=\lim_{h\to 0}(3x^2+3xh+h^2-1)$$

$$=3x^2-1$$

1-2

① $f'(x)=6x-4$

② $g'(x)=(-3)\cdot 2x+3\cdot(-6)x^{-7}=-6x-\dfrac{18}{x^7}$

1-3

① $f'(x)=(2x-3)'(x^3+5)+(2x-3)(x^3+5)'$
$=2(x^3+5)+(2x-3)\cdot 3x^2=8x^3-9x^2+10$

② $g'(x)=\dfrac{(3x^7)'(x^2+1)-3x^7(x^2+1)'}{(x^2+1)^2}$

$=\dfrac{21x^6(x^2+1)-6x^8}{(x^2+1)^2}=\dfrac{15x^8+21x^6}{(x^2+1)^2}$

1-4

① $f'(x)=2\cdot 3(x^2-4)^2(x^2-4)'=6(x^2-4)^2$
$\cdot 2x=12x(x^2-4)^2$

② $g'(x)=6(1-x^{2)^5}\cdot(1-x^2)=6(1-x^2)^5$
$\cdot(-2x)=-12x(1-x^2)^5$

1-5

① $2x+2xy^2+x^2\cdot 2y\cdot y'+2yy'=0,\quad y'=-\dfrac{x+xy^2}{y+yx^2}$

② $x^{\frac{1}{2}}+y^{\frac{1}{2}}=a^{\frac{1}{2}},\qquad \dfrac{1}{2}x^{-\frac{1}{2}}+\dfrac{1}{2}y^{-\frac{1}{2}}\cdot y'=0,$

$\dfrac{1}{2\sqrt{x}}+\dfrac{1}{2\sqrt{y}}\cdot y'=0$

$y'=-\dfrac{\sqrt{y}}{\sqrt{x}}$

1-6

① $f'(x)=3x^2-6x+1,\quad f''(x)=6x-6,$
$f'''(x)=6,\ f^{(n)}(x)=0\quad (n\geq 4)$

② $g(x)=\dfrac{1}{1-x}=(1-x)^{-1}$

$g'(x)=(-1)(1-x)^{-2}\cdot(-1)=(1-x)^{-2}$

$g''(x)=(-2)(1-x)^{-3}\cdot(-1)=2(1-x)^{-3}$

$g'''(x)=2(-3)(1-x)^{-4}\cdot(-1)=3!(1-x)^{-4}$

$g^{(y)}(x)=\dfrac{n!}{(1-x)^{n+1}}$

2-1

① $y'=\dfrac{1}{2x}\cdot(2x)'=\dfrac{1}{x}$

② $y'=\dfrac{1}{\ln x}\cdot(\ln x)'=\dfrac{1}{\ln x}\cdot\dfrac{1}{x}=\dfrac{1}{x\ln x}$

③ $y'=\dfrac{1}{(x^2+1)\ln 2}(x^2+1)'=\dfrac{2x}{(x^2+1)\ln 2}$

2-2

① $y'=e^{2\sqrt{x}}\cdot(2\sqrt{x})'=e^{2\sqrt{x}}\cdot 2\cdot\dfrac{1}{2\sqrt{x}}=\dfrac{e^{2\sqrt{x}}}{\sqrt{x}}$

② $y'=3^{5x-7}\cdot\ln 3\cdot(5x-7)'=5\cdot 3^{5x-7}\cdot\ln 3$

2-3

① $\ln y = x \ln x$

$$\frac{1}{y}y' = \ln x + x \cdot \frac{1}{x}$$

$$y' = y(\ln x + 1)$$

$$y' = x^x(\ln x + 1)$$

② $\ln y = \sin x \ln(\ln x)$, $\frac{1}{y}y'$

$$= \cos x \ln(\ln x) + \sin x \cdot \frac{1}{\ln x} \cdot \frac{1}{x}$$

$$y' = y\left(\cos x \ln(\ln x) + \frac{\sin x}{x \ln x}\right)$$

$$= (\ln x)^{\sin x} \cdot \left(\cos x \ln(\ln x) + \frac{\sin x}{x \ln x}\right)$$

3-1

$$f'(x) = 4x^3 + \cos x$$

3-2

$$f'(x) = (x^2)' \sin x \cos x + x^2 (\sin x)' \cos x + x^2 \sin x (\cos x)'$$

$$= 2x \sin x \cos x + x^2 \cos^2 x - x^2 \sin^2 x$$

3-3

① $f'(x) = 2\sin(\cos^2 x) \cdot \{\sin(\cos^2 x)\}'$

$$= 2\sin(\cos^2 x) \cdot \cos(\cos^2 x), (\cos^2 x)'$$

$$= 2\sin(\cos^2 x) \cdot \cos(\cos^2 x), 2\cos x(\cos x)'$$

$$= (-4)\cos x \cdot \sin x \cdot \sin(\cos^2 x) \cdot \cos(\cos^2 x)$$

② $g'(x) = 2\tan(5x) \cdot \{\tan(5x)\}'$

$$= 2\tan(5x) \cdot \sec^2(5x) \cdot (5x)'$$

$$= 10\tan(5x) \cdot \sec^2(5x)$$

3-4

$\sec y - \cot x = 0$, $\sec y \tan y \cdot y' - (-\operatorname{cosec}^2 x) = 0$

$$y' = \frac{-\operatorname{cosec}^2 x}{\sec y \cdot \tan y}$$

3-5

$$f(x) = \sin ax$$

$$f'(x) = a\cos ax = a\sin\left(ax + \frac{\pi}{2}\right)$$

$$f''(x) = a^2\cos\left(ax + \frac{\pi}{2}\right) = a^2\sin\left(ax + 2\cdot\frac{\pi}{2}\right)$$

$\vdots$

$$f^{(n)}(x) = a^n \sin\left(ax + \frac{n\pi}{2}\right)$$

4-1

$f(x) = x^3 - 1$로 놓으면 $f'(x) = 3x^2$이므로 점(1, 0)에서의 접선의 기울기는 $f'(1) = 3$이다 접선의 방정식은 $y - 0 = 3(x-1)$, $y = 3x - 3$이다.

4-2

$f(x) = \cos x$로 놓으면 $f'(x) = -\sin x$, $\left(\frac{\pi}{2}, 0\right)$에서

접선의 기울기는 $f'\left(\frac{\pi}{2}\right) = -1$, 접선의 방정식은

$y - 0 = (-1)\left(x - \frac{\pi}{2}\right)$, $y = -x + \frac{\pi}{2}$이다.

4-3

주어진 함수는 [0, 4] 위에서 연속, (0, 3)에서 미분 가능하다.

$f'(x) = 2x - 6$이므로 $\frac{f(4) - f(0)}{4 - 0} = f'(c)$에서

$$\frac{-8}{4} = 2c - 6, \quad -2 = 2c - 6, \quad c = 2$$

4-4

$$f'(x) = 12x^2 + 18x - 12 = 6(2x^2 + 3x - 2) = 6(x+2)(2x-1)$$

$f'(x) = 0$인 x는 $x = -2, \frac{1}{2}$이다.

x	$\cdots$	-2	$\cdots$	$\frac{1}{2}$	$\cdots$
$f'(x)$	+	0	−	0	+
$f(x)$	↗	31 극대값	↘	$-\frac{1}{4}$ 극소값	↗

$x=-2$에서 극대이고 극대값은 $f(-2)=31$

$x=\frac{1}{2}$에서 극소이고 극소값은 $f(\frac{1}{2})=-\frac{1}{4}$

4-5

$f'(x)=x^2-4=(x+2)(x-2)=0$인

x값은 $x=-2, 2$

$$f''(x)=2x,$$

$f''(-2)-4<0$ 이므로 $x=-2$에서

$$\text{극대값 } f(-2)=\frac{16}{3},$$

$f''(2)=4>0$ 이므로 $x=2$에서 극소값 $f(2)=-\frac{16}{3}$,

$f(-3)=3,\ \ f(3)=-3$이므로

최대값은 $\frac{16}{3}$, 최소값은 $-\frac{16}{3}$이다.

4-6

두 수를 x, y라 하자. $x+y=18$일 때 xy가 최대가 되는 x, y를 구하자. $y=18-x$이므로

$$A(x)=xy=x(18-x)=18x-x^2,$$

$0<x<18$에서 $A(x)$의 극대값을 구하라.

$A'(x)=18-2x=0$ 인 x값은 $x=9$

$A''(x)=-2$이므로 $A''(9)=-2<0$,

따라서 $x=9$에서 극대값 $A(9)=81$을 갖는다.

$0\le x\le 18$에서 이 극대값이 최대값이므로, 이 때

$x=9,\ y=9$이다.

4-7

$f'(x)=3x^2+6x-9$

$f''(x)=6x+6=6(x+1)=0$인 x값은 $x=-1$

$(-\infty,-1)$에서 $f''(x)<0$, $(1,\infty)$에서 $f''(x)>0$이므로 $(-1,\ f(-1))=(-1,\ 9)$는 변곡점이다.

4-8

① 함수의 정의역은 $(-\infty,\infty)$, 치역은 판단하기 쉽지 않다.

② 대칭성은 없다.

③ $x=0$일 때 $f(0)=0$이므로 y절편은 0,

$f(x)=3x^4-4x^3=x^3(3x-4)=0$이면

$x=0,\ \frac{4}{3}$이므로 x절편은 $0,\ \frac{4}{3}$.

④, ⑤

$f'(x)=12x^3-12x^2=12x^2(x-1)=0$인

x는 $x=0, 1$

$f''(x)=36x^2-24x=12x(3x-2)=0$인

x는 $x=0,\ \frac{2}{3}$

x		0		$\frac{2}{3}$		1	
$f'(x)$	−	0	−	−	−	0	+
$f''(x)$	+	0	−	0	+	+	+
$f(x)$	↘	0 (변곡점)	↘	$-\frac{16}{27}$ (변곡점)	↘	−1 (극소값)	↗

$x=1$에서 극소값 $f(1)=-1$ 이고 $(0, 0)$, $(\frac{2}{3}, -\frac{16}{27})$은 변곡점

⑥ 점근선은 없다.

①~⑥을 종합하여 그래프를 그려보면 다음과 같다.

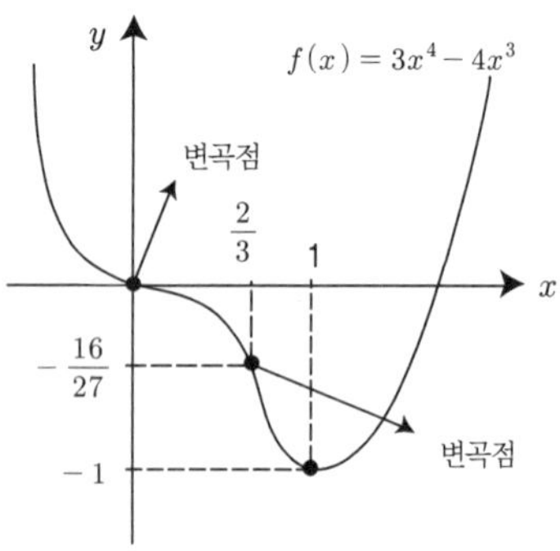

4-9

시간 t에 대하여 물의 높이를 h라 하고, 물의 부피를 V, 물의 윗면의 반지름을 r이라 하자. 직원뿔의 부피 V는

$$V=\frac{1}{3}\pi r^2 h$$

이다. 삼각형의 닮음비에 의하여 $\frac{r}{h}=\frac{6}{18}=\frac{1}{3}$ 이므로

$r=\frac{h}{3}$ 이다.

V를 h에 의한 식으로 바꿔주면

$$V=\frac{1}{3}\pi r^2 h=\frac{1}{3}\pi\left(\frac{h}{3}\right)^2\cdot\frac{\pi}{27}h^3 \text{이다.}$$

$$\frac{dV}{dt}=\frac{\pi}{27}(3h^2)\cdot\frac{dh}{dt}=\frac{\pi h^2}{9}\cdot\frac{dh}{dt},$$

$$\frac{dh}{dt}=\frac{9}{\pi h^2}\cdot\frac{dV}{dt} \text{이다.}$$

$$\frac{dV}{dt}=2\text{cm}^3/\text{sec},\quad h=12\text{cm} \text{ 일 때}$$

$$\frac{dh}{dt}=\frac{9}{\pi\cdot 12^2}\cdot 2=\frac{1}{8\pi}\text{cm/sec}$$

제4장 적분법

1-1

① $(x+1)(2x-3)=2x^2-x-3$이므로

$$\int (x+1)(2x-3)dx=\int (2x^2-x-3)dx$$
$$=\frac{2}{3}x^3-\frac{1}{2}x^2-3x+C$$

② $$\int \frac{3x+2}{x}dx=\int \left(3+\frac{2}{x}\right)dx$$
$$=\int 3dx+2\int \frac{1}{x}dx$$
$$=3x+2\ln|x|+C$$

1-2

① $$\int \sin^2 x dx=\int \frac{1-\cos 2x}{2}dx$$
$$=\frac{1}{2}\int dx-\frac{1}{2}\int \cos 2x dx$$
$$=\frac{1}{2}x-\frac{1}{2}\cdot\frac{1}{2}\sin 2x+C=\frac{1}{2}x-\frac{1}{4}\sin 2x+C$$

② $$\int \tan^2 x dx=\int (\sec^2 x-1)dx$$
$$=\int \sec^2 x dx-\int dx$$
$$=\tan x-x+C$$

③ $$\int a^{3x}dx=\int (a^3)^x dx=\frac{(a^3)^x}{\ln a^3}+C=\frac{a^{3x}}{3\ln a}+C$$

1-3

① $\sqrt{x+1}=t$로 놓으면 $x=t^2-1$에서 $dx=2t\,dt$

$$\int x\sqrt{x+1}\cdot dx=\int (t^2-1)\cdot t\cdot 2tdt=2\int (t^4-t^2)dt$$
$$=2\left(\frac{1}{5}t^5-\frac{1}{3}t^3\right)+C=\frac{2}{5}(x+1)^{\frac{5}{2}}-\frac{2}{3}(x+1)^{\frac{3}{2}}+C$$

② $2x+3=t$로 놓으면 $x=\frac{t}{2}-3$ $\qquad dx=\frac{1}{2}dt$

$$\int e^{2x+3}dx=\int e^t\cdot\frac{1}{2}dt=\frac{1}{2}e^t+C=\frac{1}{2}e^{2x+3}+C$$

③ $\cos x=t$로 놓으면 $-\sin x=\frac{dt}{dx}$

$$\int \cos^2 x\sin x dx=-\int t^2 dt=-\frac{1}{3}t^3+C=-\frac{1}{3}\cos^3 x+C$$

1-4

① $f(x)=x^2,\ g'(x)=\cos x$로 놓으면

$f'(x)=2x,\ g(x)=\sin x$이므로

$$\int x^2\cos x\,dx=x^2\sin x-\int 2x\sin x\,dx$$
$$=x^2\sin x-2\left(x(-\cos x)-\int (-\cos x)dx\right)$$
$$=x^2\sin x+2x\cos x-2\cos x\,dx$$
$$=x^2\sin x+2x\cos x-2\sin x+C$$

② $f(x)=x,\ g'(x)=e^{-x}$로 놓으면

$f'(x)=1,\ g(x)=-e^{-x}$

$$\int xe^{-x}dx=x\cdot(-e^{-x})-\int (-e^{-x})dx$$
$$=-xe^{-x}+\int e^{-x}dx=-xe^{-x}-e^{-x}+C$$
$$=e^{-x}(-x-1)+C$$

③ $\frac{3x}{x^2+x-2}$을 $\frac{a}{(x+2)}+\frac{b}{x-1}$로 변형시키면

$a=2,\ b=1$을 얻는다.

$$\int \frac{3x}{x^2+x-2}dx=\int \left(\frac{2}{x+2}+\frac{1}{x-1}\right)dx$$
$$=2\ln|x+2|+\ln|x-1|+C$$
$$=\ln|(x+2)^2(x-1)|+C$$

2-1

① $\sqrt{x+4}=(x+4)^{\frac{1}{2}}$이므로

$$\int_0^5 \sqrt{x+4}\,dx=\left[\frac{2}{3}(x+4)^{\frac{3}{2}}\right]_0^5=\frac{2}{3}(3^3-2^3)=\frac{38}{3}$$

② 준식$=[\ln|x|]_1^e=1-0=1$

2-2

① $f(x)=|x-2|$이라면

$$f(x)=\begin{cases}2-x & (0\le x\le 2)\\ x-2 & (2\le x\le 3)\end{cases}$$

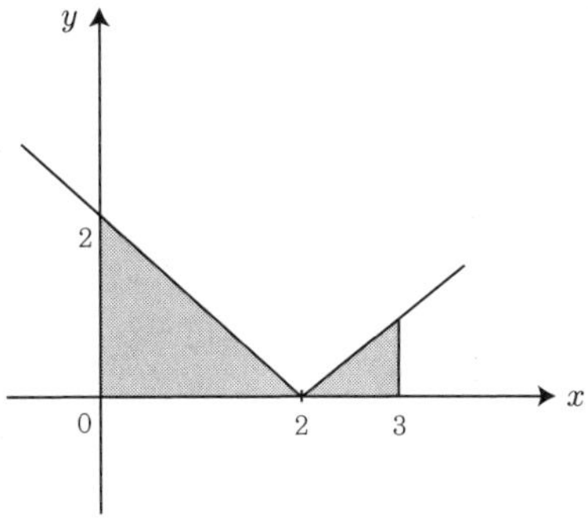

$$\therefore \int_0^3 |x-2|dx = \int_0^2 (2-x)dx + \int_2^3 (x-2)dx$$
$$= \left[2x - \frac{x^2}{2}\right]_0^2 + \left[\frac{x^2}{2} - 2x\right]_2^3 = \frac{5}{2}$$

② $(\sin x + \cos x)^2 = 1 + 2\sin x \cos x = 1 + \sin 2x$

$$\therefore \int_{\frac{\pi}{2}}^{\pi} (1+\sin 2x)dx = \left[x - \frac{1}{2}\cos 2x\right]_{\frac{\pi}{2}}^{\pi} = \frac{\pi}{2} - 1$$

2-3

① 정적분 값은 반지름이 3인 반원의 면적과 같으므로 $\frac{9}{2}\pi$

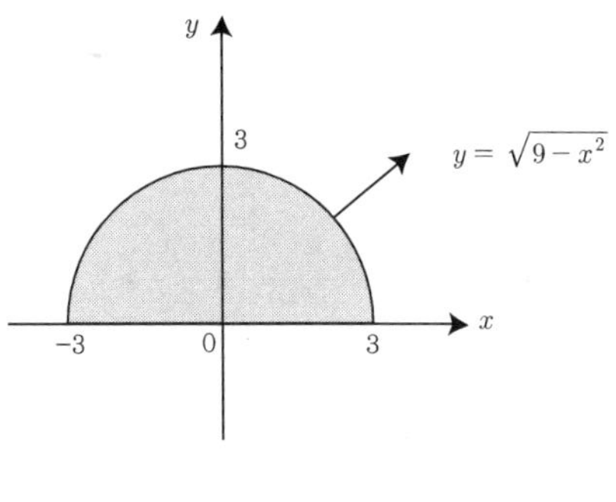

② $x = 2\sin\theta\left(-\frac{\pi}{2} \le \theta \le \frac{\pi}{2}\right)$로 놓으면 $dx = 2\cos\theta\, d\theta$

$x = 0$일 때 $\theta = 0$, $x = 1$일 때 $\theta = \frac{\pi}{6}$

$$\sqrt{4-x^2} = \sqrt{4(1-\sin^2\theta)} = \sqrt{4\cos^2\theta}$$
$$= 2\cos\theta\left(-\frac{\pi}{2} \le \theta \le \frac{\pi}{2}\text{에서 } \cos\theta \ge 0\right)$$

$$\int_0^1 \frac{dx}{\sqrt{4-x^2}} = \int_0^{\frac{\pi}{6}} \frac{2\cos\theta}{2\cos\theta}d\theta = \int_0^{\frac{\pi}{6}} d\theta = [\theta]_0^{\frac{\pi}{6}} = \frac{\pi}{6}$$

2-4

① $f(x) = \ln(x+1)$, $g'(x) = 1$로 놓으면 $f'(x) = \frac{1}{x+1}$

$g(x) = x$이므로

$$\int_0^1 \ln(x+1)dx = [x\ln(x+1)]_0^1 - \int_0^1 \frac{x}{x+1}dx$$
$$= \ln 2 - \int_0^1 \left(1 - \frac{1}{x+1}\right)dx$$
$$= \ln 2 - [x - \ln|x+1|]_0^1 = 2\ln 2 - 1$$

② $f(x) = \ln x$, $g'(x) = x$로 놓으면,

$f'(x) = \frac{1}{x}$, $g(x) = \frac{1}{2}x^2$이므로

$$\int_1^2 x\ln x dx = \left[\frac{1}{2}x^2 \ln x\right]_1^2 - \int_1^2 \frac{1}{x}\cdot\left(\frac{1}{2}x^2\right)dx$$
$$= 2\ln 2 - \left[\frac{x^2}{4}\right]_1^2 = 2\ln 2 - \frac{3}{4}$$

2-5

$$\lim_{n\to\infty} \frac{1}{n^3}(1^2 + 2^2 + \cdots + n^2)$$
$$= \lim_{n\to\infty} \frac{1}{n}\left\{\left(\frac{1}{n}\right)^2 + \left(\frac{2}{n}\right)^2 + \cdots + \left(\frac{n}{n}\right)^2\right\}$$
$$= \lim_{n\to\infty} \sum_{k=1}^{\infty} \left(\frac{k}{n}\right)^2 \cdot \frac{1}{n}$$

$\Delta x = \frac{1-0}{n}$, $x_k = 0 + k\cdot\frac{1}{n}$이라고 하면, 정적분의 정의에 의하여

$$(\text{준식}) = \int_0^1 x^2 dx = \left[\frac{1}{3}x^3\right]_0^1 = \frac{1}{3}$$

3-1

1. 이 곡선은 x축 및 y축에 대하여 대칭이므로

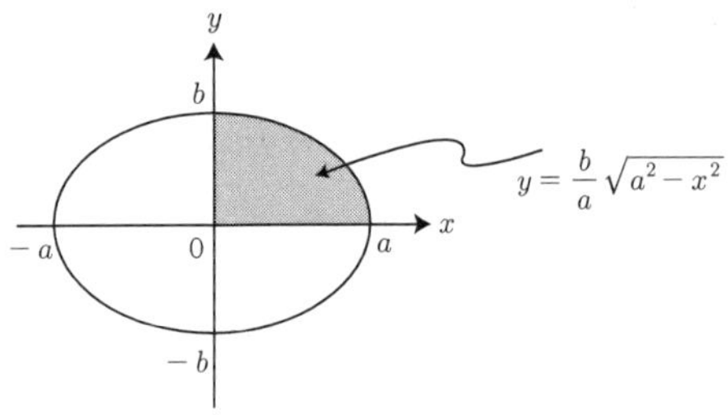

$$S=4\int_0^a \frac{b}{a}\sqrt{a^2-x^2}\,dx=\frac{4b}{a}\int_0^a\sqrt{a^2-x^2}\,dx$$

$\int_0^a \sqrt{a^2-x^2}\,dx$는 원 $x^2+y^2=a^2$의 넓이의 $\frac{1}{4}$과 같으므로

$$S=\frac{4b}{a}\times\frac{\pi a^2}{4}=\pi ab$$

3-2

$0\le x\le\frac{\pi}{4}$일 때 $\sin x\le\cos x$

$\frac{\pi}{4}\le x\le\pi$일 때 $\cos x\le\sin x$이므로

$$S=\int_0^{\frac{\pi}{4}}(\cos x-\sin x)dx+\int_{\frac{\pi}{4}}^{\pi}(\sin x-\cos x)dx$$

$$=[\sin x+\cos x]_0^{\frac{\pi}{4}}+[-\cos x-\sin x]_{\frac{\pi}{4}}^{\pi}$$

$$=(\sqrt{2}-1)+(1+\sqrt{2})=2\sqrt{2}$$

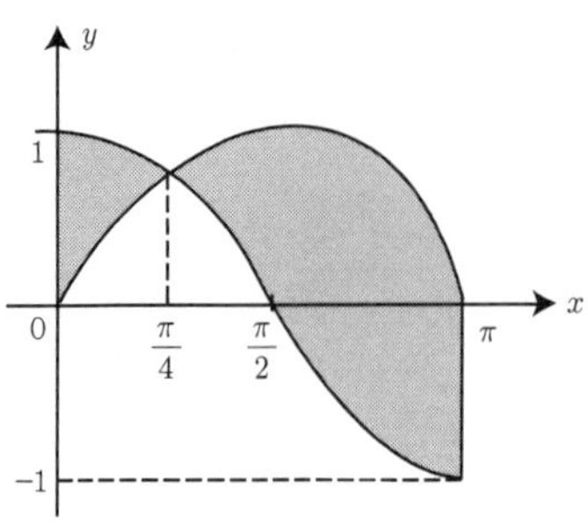

3-3

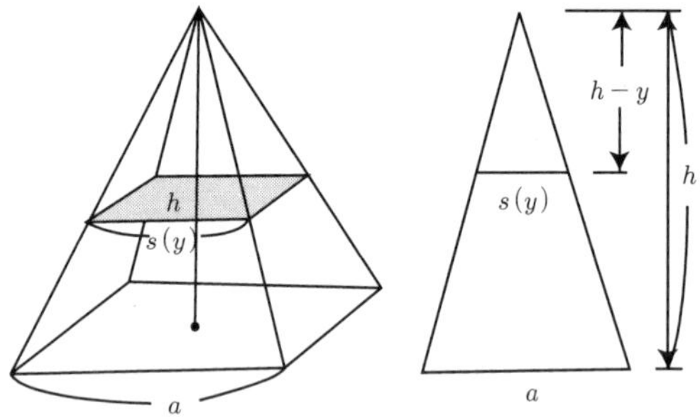

$[0,h]$에 있는 어떤 y에서의 절단면은 정사각형이고 한 변의 길이 $s(y)$는 닮음에 의해

$$\frac{s(y)}{a}=\frac{h-y}{h},\quad s(y)=\frac{a}{h}(h-y)$$

절단면적은 $S(y)=[s(y)]^2=\frac{a^2}{h^2}(h-y)^2$

따라서 부피 V는

$$V=\int_0^h\frac{a^2}{h^2}(h-y)^2dy=\frac{a^2}{h^2}\left[h^2y-hy^2+\frac{1}{3}y^3\right]_0^h=\frac{1}{3}a^2h$$

3-4

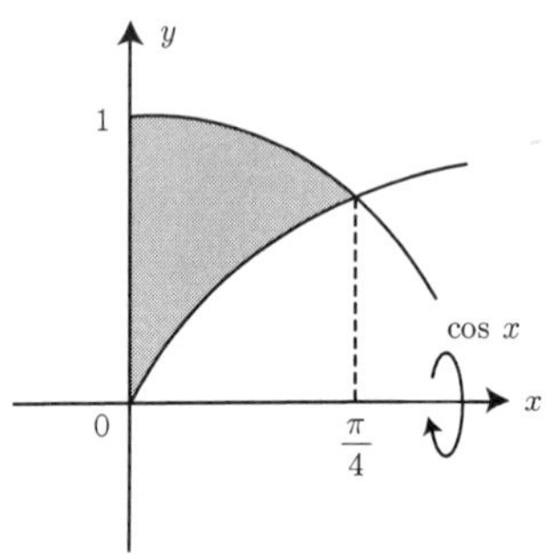

곡선 $y=\cos x\left(0\le x\le\frac{\pi}{4}\right)$를 회전시켜 얻은 회전체의 부피에서 곡선 $y=\sin x$를 회전시켜 생긴 회전체의 부피를 빼주면 되므로

$$V=\pi\int_0^{\frac{\pi}{4}}\{(\cos x)^2-(\sin x)^2\}dx=\pi\int_0^{\frac{\pi}{4}}\cos 2x\,dx$$

$$=\pi\left[\frac{1}{2}\sin 2x\right]_0^{\frac{\pi}{4}}=\frac{\pi}{2}$$

3-5

$\frac{dy}{dx}=\frac{1}{2}(e^x-e^{-x})$이므로

$$l=\int_0^2\sqrt{1+\frac{1}{4}(e^x-e^{-x})^2}\,dx$$
$$=\int_0^2\sqrt{\frac{1}{4}(e^x+e^{-x})^2}\,dx=\frac{1}{2}\int_0^2(e^x+e^{-x})dx$$
$$=\frac{1}{2}\left[e^x-e^{-x}\right]_0^2=\frac{1}{2}\left(e^2-\frac{1}{e^2}\right)$$

3-6

$0\le t\le\frac{\pi}{2}$에서 $\sin 2t\ge 0$이고 $\frac{\pi}{2}\le t\le\pi$에서

$\sin 2t\le 0$이므로

$$S=\int_0^{\pi}|\sin 2t|dt=\int_0^{\frac{\pi}{2}}\sin 2t dt+\int_{\frac{\pi}{2}}^{\pi}(-\sin 2t)dt$$
$$=\left[-\frac{1}{2}cos2t\right]_0^{\frac{\pi}{2}}+\left[\frac{1}{2}cos2t\right]_{\frac{\pi}{2}}^{\pi}=2$$

제5장 행렬과 벡터

1-1

$i, j=1, 2, 3$이므로 3×3 행렬이다.

① $i\leq j$일 경우 그 값은 j이다.

$$\begin{pmatrix}1&2&3\\ \bigcirc&2&3\\ \bigcirc&\bigcirc&3\end{pmatrix}$$

i	j	a_{ij}
1	1	1
1	2	2
1	3	3
2	2	2
2	3	3
3	3	3

② $i>j$일 경우 그 값은 a_{ji}이다.

$$\begin{pmatrix}\bigcirc&\bigcirc&\bigcirc\\ 2&\bigcirc&\bigcirc\\ 3&3&\bigcirc\end{pmatrix}$$

i	j	a_{ji}
2	1	$a_{12}=2$
3	1	$a_{13}=3$
3	2	$a_{23}=3$

$$\therefore A=\begin{pmatrix}1&2&3\\2&2&3\\3&3&3\end{pmatrix}$$

1-2

$a_{11}=1+2\times1+3=6$

$a_{12}=1+2\times2+3=8$

$a_{13}=1+2\times3+3=10$

$a_{21}=2+2\times1+3=7$

$a_{22}=2+2\times2+3=9$

$a_{23}=2+2\times3+3=11$

$a_{31}=3+2\times1+3=8$

$a_{32}=3+2\times2+3=10$

$a_{33}=3+2\times3+3=12$

$$\therefore A=\begin{pmatrix}6&8&10\\7&9&11\\8&10&12\end{pmatrix}$$

1-3

$2x+3y=x+9 \iff x+3y=9$

$x+y=y+3 \iff x=3$

$y+z=z+2 \iff y=2$

$y-10=-z+1 \iff 2-10=-z+1 \iff z=9$

$\therefore x=3,\ y=2,\ z=9$

1-4

$$AB=\begin{pmatrix}1&2\\3&4\end{pmatrix}\begin{pmatrix}x&y\\5&7\end{pmatrix}=\begin{pmatrix}1\times x+2\times5 & 1\times y+2\times7\\3\times x+4\times5 & 3\times y+4\times7\end{pmatrix}$$

$$=\begin{pmatrix}x+10 & y+14\\3x+20 & 3y+28\end{pmatrix}$$

$$BA=\begin{pmatrix}x&y\\5&7\end{pmatrix}\begin{pmatrix}1&2\\3&4\end{pmatrix}=\begin{pmatrix}x\times1+y\times3 & x\times2+y\times4\\5\times1+7\times3 & 5\times2+7\times4\end{pmatrix}$$

$$=\begin{pmatrix}x+3y & 2x+4y\\26 & 38\end{pmatrix}$$

즉, $AB=BA$는 다음 행렬을 만족하여야 한다.

$$\begin{pmatrix}x+10 & y+14\\3x+20 & 3y+28\end{pmatrix}=\begin{pmatrix}x+3y & 2x+4y\\26 & 38\end{pmatrix}$$

$x+10=x+3y \iff \therefore y=\frac{10}{3}$

$y+14=2x+4y \iff \frac{10}{3}+14=2x+\frac{40}{3}$

$-\frac{30}{3}+14=2x$

$4=2x$

$\therefore x=2$

$\therefore x=2,\ y=\frac{10}{3}$

1-5

$$AA=\begin{pmatrix}1&0\\0&-1\end{pmatrix}\begin{pmatrix}1&0\\0&-1\end{pmatrix}=\begin{pmatrix}1&0\\0&1\end{pmatrix} \qquad \therefore n=2$$

1-6

$$A^{31}=(A^2)^{15}\cdot A=I^{15}\cdot A=IA=\begin{pmatrix}1&0\\0&-1\end{pmatrix}$$

$$\therefore A^{31}=\begin{pmatrix}1&0\\0&-1\end{pmatrix}$$

1-7

$$A^2+2A+3I=(A^2-9A-2I)+11A+5I$$

$$=0+11A+5I$$

$$= 11\begin{pmatrix}3 & 4\\5 & 6\end{pmatrix}+5\begin{pmatrix}1 & 0\\0 & 1\end{pmatrix}$$

$$= \begin{pmatrix}33 & 44\\55 & 66\end{pmatrix}+\begin{pmatrix}5 & 0\\0 & 5\end{pmatrix}= \begin{pmatrix}38 & 44\\55 & 71\end{pmatrix}$$

1-8

$\boldsymbol{AX=B}$

$$\Leftrightarrow \boldsymbol{X}=\boldsymbol{A}^{-1}\boldsymbol{B}=\frac{1}{1\times7-2\times3}\begin{pmatrix}7 & -2\\-3 & 1\end{pmatrix}\begin{pmatrix}3 & 4\\2 & 1\end{pmatrix}$$

$$=\frac{1}{1}\begin{pmatrix}7\times3+(-2\times2) & 7\times4+(-2\times1)\\(-3\times3)+(1\times2) & (-3\times4)+(1\times1)\end{pmatrix}$$

$$=\begin{pmatrix}21-4 & 28-2\\-9+2 & -12+1\end{pmatrix}=\begin{pmatrix}17 & 26\\-7 & -11\end{pmatrix}$$

검증 $\begin{pmatrix}1 & 2\\3 & 7\end{pmatrix}\begin{pmatrix}17 & 26\\-7 & -11\end{pmatrix}=\begin{pmatrix}3 & 4\\2 & 1\end{pmatrix}$

$$\Leftrightarrow \begin{pmatrix}17-14 & 26-22\\51-49 & 78-77\end{pmatrix}=\begin{pmatrix}3 & 4\\2 & 1\end{pmatrix}$$

$$\begin{pmatrix}3 & 4\\2 & 1\end{pmatrix}=\begin{pmatrix}3 & 4\\2 & 1\end{pmatrix}$$

1-9

$$\begin{pmatrix}a & b\\b & a\end{pmatrix}\begin{pmatrix}x\\y\end{pmatrix}=\begin{pmatrix}a^2\\b^2\end{pmatrix}$$

$$\begin{pmatrix}x\\y\end{pmatrix}=\begin{pmatrix}a & b\\b & a\end{pmatrix}^{-1}\begin{pmatrix}a^2\\b^2\end{pmatrix}=\frac{1}{a^2-b^2}\begin{pmatrix}a & -b\\-b & a\end{pmatrix}\begin{pmatrix}a^2\\b^2\end{pmatrix}$$

$$=\frac{1}{a^2-b^2}\begin{pmatrix}a^3-b^3\\-a^2b-ab^2\end{pmatrix}$$

$$\therefore\ x=\frac{a^3-b^3}{a^2-b^2}$$

$$y=-\frac{a^2b+ab^2}{a^2-b^2}$$

1-10

$$\begin{pmatrix}\sin\theta & -\cos\theta\\\cos\theta & \sin\theta\end{pmatrix}\begin{pmatrix}x\\y\end{pmatrix}=\begin{pmatrix}1\\0\end{pmatrix}$$

$$\Leftrightarrow\begin{pmatrix}x\\y\end{pmatrix}=\begin{pmatrix}\sin\theta & -\cos\theta\\\cos\theta & \sin\theta\end{pmatrix}^{-1}\begin{pmatrix}1\\0\end{pmatrix}$$

$$\Leftrightarrow\begin{pmatrix}x\\y\end{pmatrix}=\frac{1}{1}\begin{pmatrix}\sin\theta & \cos\theta\\-\cos\theta & \sin\theta\end{pmatrix}\begin{pmatrix}1\\0\end{pmatrix}$$

$$\Leftrightarrow\begin{pmatrix}x\\y\end{pmatrix}=\frac{1}{1}\begin{pmatrix}\sin\theta\\-\cos\theta\end{pmatrix}$$

$$\therefore\ x=\sin\theta,\quad y=-\cos\theta$$

2-1

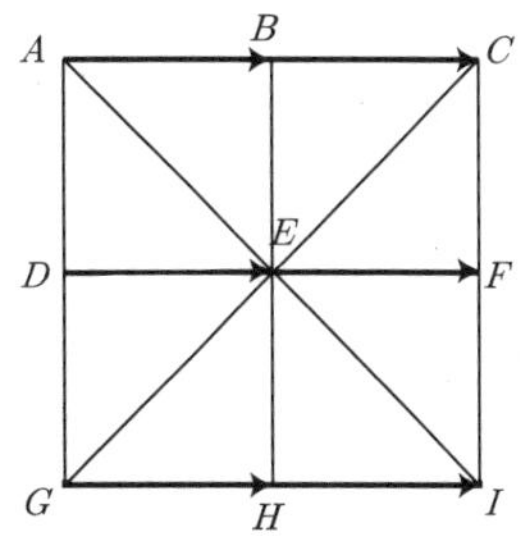

$\overrightarrow{DE}=\overrightarrow{AB}=\overrightarrow{BC}=\overrightarrow{EF}=\overrightarrow{GH}=\overrightarrow{HI}$

$\overrightarrow{DE}$를 포함하여 총 6개임

2-2

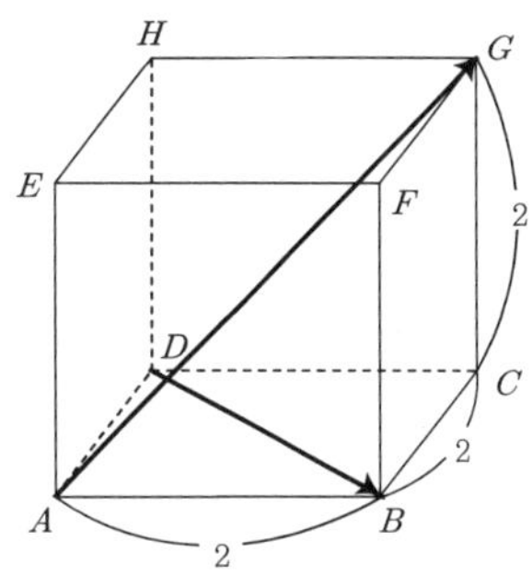

$$|\overrightarrow{DB}|=\sqrt{\overline{DB}^2+\overline{AB}^2}=\sqrt{2^2+2^2}$$

$$=\sqrt{4+4}=\sqrt{8}=\sqrt{2\cdot2^2}$$

$$=2\sqrt{2}$$

$$|\overrightarrow{AG}|=\sqrt{\overline{AC}^2+\overline{CG}^2}$$

※ 정육면체이므로 $|\overrightarrow{AC}|=|\overrightarrow{DB}|$

$$=\sqrt{\overline{DB}^2+\overline{CG}^2}=\sqrt{8+2^2}=\sqrt{8+4}=\sqrt{12}$$

$$=\sqrt{3\times2^2}=2\sqrt{3}$$

2-3

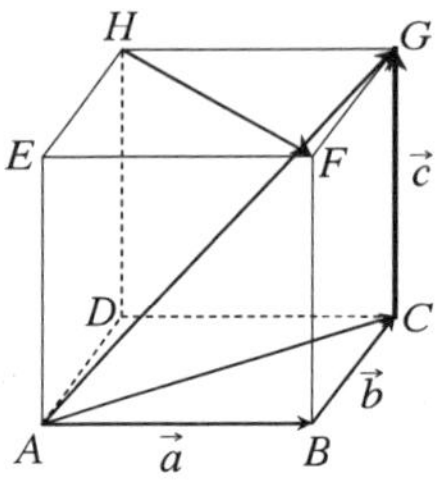

(1) $\overrightarrow{AC}$ = ?

$\overrightarrow{AB}+\overrightarrow{BC}=\overrightarrow{AC}$ 이므로

$\overrightarrow{AC}=\vec{a}+\vec{b}$ 이다.

(2) $\overrightarrow{AG}$ = ?

$\overrightarrow{AG}=\overrightarrow{AC}+\overrightarrow{CG}$

$=\vec{a}+\vec{b}+\vec{c}$

(3) $\overrightarrow{HF}$ = ?

$\overrightarrow{HF}=\overrightarrow{DB}=\overrightarrow{AB}-\overrightarrow{AD}$

$=\vec{a}-\vec{b}$

2-4

i) $\overrightarrow{AC}=\vec{a}+\vec{b}$ 이므로

$\overrightarrow{GC}=\frac{1}{2}(\vec{a}+\vec{b})$ 이다.

ii) $\overrightarrow{BD}=\vec{b}-\vec{a}$ 이므로

$\overrightarrow{GD}=\frac{1}{2}(\vec{b}-\vec{a})$ 이다

$$\therefore \overrightarrow{GC}+\overrightarrow{GD}=\frac{1}{2}(\vec{a}+\vec{b})+\frac{1}{2}(\vec{b}-\vec{a})$$

$$=\frac{\vec{a}}{2}+\frac{\vec{b}}{2}+\frac{\vec{b}}{2}-\frac{\vec{a}}{2}$$

$$=\vec{b}$$

2-5

⑤ $3\vec{a}+3\vec{b}-2\vec{a}+2\vec{b}=\vec{a}+5\vec{b}$

$=(1,1)+5(3,3)$

$=(1,1)+(15,15)$

$=(16,\ 16)$

$\therefore$ 크기는 $\sqrt{16^2+16^2}=\sqrt{256+256}=\sqrt{512}=22.63$

2-6

$\vec{A}=\vec{a}+\vec{b}=(x,\ 2)+(5,\ 7)=(x+5,9)$

$\vec{B}=3\vec{b}=3(5,\ 7)=(15,\ 21)$

$\vec{A}//\vec{B}$ 이므로 $\vec{A}=k\vec{B}\ (k\neq 0)$ 이다.

$(x+5,\ 9)=k(15,\ 21)$ 에서

$(x+5)=15k$ ······························· ①

$9=21k$ ······································· ②

$k=\frac{9}{21}=\frac{3}{7}$

위 k값을 ①식에 대입하면

$(x+5)=15\times\frac{3}{7}$

$\therefore\ x=\frac{45}{7}-5=\frac{45}{7}-\frac{35}{7}=\frac{10}{7}$

2-7

i) $\overrightarrow{OA}=(1,\ 2,\ 0)$

$\overrightarrow{OB}=(0,\ 2,\ 3)$

$\overrightarrow{OC}=(1,\ 0,\ 3)$

ii) $(1,2,3)=a(1,\ 2,\ 0)+b(0,\ 2,\ 3)+c(1,\ 0,\ 3)$

$=(a,\ 2a,\ 0)+(0,\ 2b,\ 3b)+(c,\ 0,\ 3c)$

$=(a+c\ ,\ 2a+2b,\ 3b+3c)$

$a+c=1$ ······ ① ⇔ $a+c=1$ ······ ①′

$2a+2b=2$ ······ ② ⇔ $a+b=1$ ······ ②′

$3b+3c=3$ ······ ③ ⇔ $b+c=1$ ······ ③′

①′ - ②′ 는 $c-b=0$ ························ ④′

④′ + ③′ 는 $2c=1 \Rightarrow\ \therefore\ c=\frac{1}{2}$ ···· ⑤′

⑤′ 를 ③′ 에 대입하면 $\therefore b=\frac{1}{2}$ ········ ⑥′

⑥′ 를 ②′ 에 대입하면 $\therefore a=\frac{1}{2}$

$\therefore a=b=c=\frac{1}{2}$

2-8

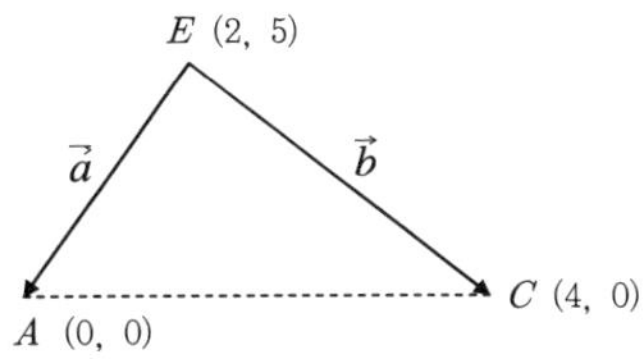

$$\overrightarrow{EA} = (0-2, 0-5) = (-2, -5)$$

$$\overrightarrow{EC} = (4-2, 0-5) = (2, -5)$$

$$\begin{aligned}\vec{a}\cdot\vec{b} &= (-2,-5)\cdot(-5,-5)\\ &= (-2)(2)+(-5)(-5)\\ &= -4+25\\ &= 19\end{aligned}$$

2-9

$$|\vec{a}+\vec{b}|^2 = 4$$

$$|\vec{a}|^2 + 2\vec{a}\cdot\vec{b}+|\vec{b}|^2 = 4$$

$$|\vec{a}|^2 + 2|\vec{a}||\vec{b}|\cos 60^\circ + 1 = 4$$

$$|\vec{a}|^2 + 2|\vec{a}|\cdot\frac{1}{2}+1 = 4$$

$$|\vec{a}|^2 + |\vec{a}| - 4 = 0$$

$$|\vec{a}| = \frac{-1\pm\sqrt{1+16}}{2} = \frac{-1\pm\sqrt{17}}{2}$$

$|\vec{a}|>0$ 이므로

$$\therefore |\vec{a}| = -\frac{1}{2}+\frac{\sqrt{17}}{2}$$

2-10

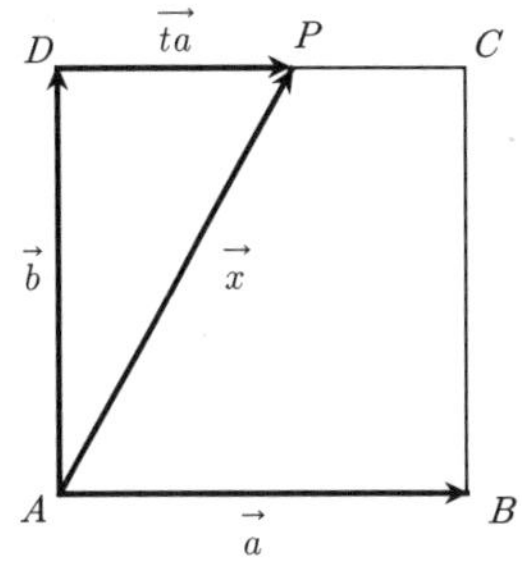

$\overrightarrow{AB}//\overrightarrow{DC}$ 이므로 점 P가 $\overline{DC}$ 위에 존재하려면

$\overrightarrow{DP} = t\vec{a}$ $(0 \le t \le 1)$ 이다.

$\overrightarrow{AP} = \overrightarrow{AD} + \overrightarrow{DP}$ 이므로

$$\therefore \vec{x} = \vec{b}+t\vec{a} \quad (0 \le t \le 1)$$

참고문헌

개념원리 공통수학, 이홍섭, 디딤돌, 2005
고등학교 미분과 적분, 우정호 외, 대한교과서(주)
고등학교 수학 10-나, 이방수, 기호삼, (주)천재교육, 2005
고등학교 수학 I, 우정호 외, 대한교과서(주), 2003
고등학교 수학 II, 이강섭 외, (주)지학사
고등학교 수학 II, 정광식 외, 동아서적(주), 2006
고등학교 수학 II, 최용준, 신현성, (주)천재교육, 2006
공통수학의 정석, 성지출판
기초미분적분학, 김광환 외 청문각, 2006
미적분학, 송영무 외, 경문사
미적분학의 원리, 김병휘 외, 경문사
실력 수학 II의 정석(상), 홍성대, 성지사, 1993
중학교 수학 7-가, 박윤범 외, 대한교과서(주), 2003
중학교 수학 8-가, 박윤범 외, 대한교과서(주), 2005
중학교 수학 8-가, 이준열 외, (주)도서출판 디딤돌, 2005
중학교 수학 9-가, 박윤범 외, 대한교과서(주), 2006
중학교 수학 9-가, 이준열 외, (주)도서출판 디딤돌, 2003
퍼스트세븐 수학 I, 이희언 외, (주)고려출판, 2006

찾아보기

대학기초수학

지은이 박금주 · 양기열 · 정권수 · 최종욱 · 최춘태
펴낸이 조경희
펴낸곳 경문사
펴낸날 2020년 3월 2일
등 록 1979년 11월 9일 제1979-000023호
주 소 04057, 서울특별시 마포구 와우산로 174
전 화 (02)332-2004 팩스 (02)336-5193
이메일 kyungmoon@kyungmoon.com
facebook facebook.com/kyungmoonsa

값 13,000원

ISBN 89-7282-988-9

★ 경문사 홈페이지에 오시면 즐거운 일이 생깁니다.
http://www.kyungmoon.com

한국과학기술출판협회 회원사